仕事の質とスピードが激変する思考習慣
徹底的に数字で考える

打造數字腦

量化思考超入門

能解決問題，更有說服力，更值得信賴

深澤真太郎
著

謝敏怡
譯

—前言—

真確時代唯一必備的思考法

「思考習慣」改變你的人生

非常感謝你購買這本書。

我們直接切入正題吧。你是不是參加過不少商務講座，也買了不少相關書籍？現在市面上有許多書籍和講座，都是在探討如何提升工作效率和能力。

但我想請問你一個問題：

「那些書和講座，對你的工作有實際的幫助嗎？」

至今，我撰寫了多本商業實用書，在一年裡也會到企業和商管學院進行數十場演講。

「想要提升工作能力」、「想讓工作成果更好」，正因爲學員抱著這樣的期望，所以他們花費寶貴的時間閱讀書籍、參加講座。身爲在第一線傳授知識給商務人士的我，說這種話可能不太恰當。但我仍然必須老實說：

「那些方法不可能讓你的工作成果變得更好。」

為什麼呢？因為坊間流傳的理論和方法，無法解決本質上的問題。以思考力爲主題的例子來說，透過書籍和講座可以學習「思考方法」，卻無法培養出「思考能力」。只有將正確的行動養成習慣的人，才有辦法習得「思考能力」。

本質就在於思考習慣的養成。

「用數字思考」幫助你獲得一切

我希望你也能養成「用數字思考」的習慣。

「用數字思考」的好處會在第一章詳細說明，在這裡先列舉幾個例子給大家看看。

- **解決眼前問題的可能性提高。**
- **各種邏輯思考能力大幅提升。**
- **簡報變得有說服力，讓人感到值得信賴。**
- **讓上司、下屬和顧客都信服你。**
- **因為個人己見而判斷錯誤的情況大幅度減少。**
- **工作的生產力和速度有飛躍式的成長。**

如果將上述都歸納為工作「品質」的話，那麼你只要養成本書介紹的「用數字思考」習慣，你的工作品質一定能突飛猛進。

為什麼我這麼肯定？

我在教育培訓的現場，接觸了超過一萬名以上的商務人士。那些能做出成果的人，也就是工作品質高的人，具備什麼樣的能力呢？我在深究之後，發現了這個問題的答案，也就是：

● 工作的品質＝「思考」的品質
● 「思考」的品質高＝能夠用數字「思考」
● 能夠用數字「思考」＝養成「用數字思考」的習慣

他們共同的地方，在於都**擁有「用數字思考」的能力**。換句話說，本書欲傳遞的內容，強調的是他們並非「知道」，而是已經養成了「習慣」。

他們只是徹底養成了「用數字思考」的習慣。這個習慣不僅能讓你的商務能力往上提升一個層次，甚至還可以達到遠勝他人的境界。

真確時代更應具備的數字操作能力

用數字思考的能力，不只是爲了在工作上做出成果，而是未來的人才一定要具備的能力。

因爲現在是必須用數字正確解讀世界的「眞確時代」。

現在，任何人都可以輕易取得數據和資訊。這個時代必須具備的能力，是調查數據、驗證事實的能力，而非憑感覺來進行預測的能力。

雖然大多數人都認爲「情況確實如此」，但都只是在心裡想想罷了。這樣實在太可惜了。希望你不只是在腦袋裡想想，還能勇敢往前踏出那一步，養成以數字爲基礎來思考的習慣。

平常無法用數字思考的人，就算是手上擁有數字化的資訊和事實等數據，也沒辦法解讀或運用。這麼一來，就無法正確理解現狀，只能持續憑著自己的感覺來工作。

只要養成用數字思考的習慣，這些問題通通都可以解決。我敢斷言：**徹底用數字思考，是真確時代唯一必備的思考法**。

無論是不擅長數字的人、想更熟練地運用數字的人，還是想用數字思考事物的人，本書所提供的方法是任何人都能夠學習並實踐的。即便你不擅長數字，只要會四則運算（＋－×÷）就好了，所有人都做得到。

若這本書對你的工作或人生有所助益，將是我最大的榮幸。

深澤真太郎

目錄

Chapter 2

用數字思考「原因」和「結果」

Chapter 3

這樣做，幫你塑造用數學思考的大腦

Chapter 4

將「沒有正確答案的問題」數值化，依據假設來思考

Chapter 1

「用數字思考」的一切

思考吧。
調查、探索、提出疑問，
並深思。

華特・迪士尼
（Walter Disney, 1901~1966）

為什麼必須用數字思考？

請你試著想像一下。

你現在正在聽一位業務員推銷商品，像是保險或投資商品。你最想從那位業務員口中聽到什麼？你最想知道什麼樣的資訊？

我想，應該是「有什麼好處」吧？

重點不在價格，也不是與其他商品相比有何不同，而是那件商品可以爲自己的人生帶來什麼好處。會這麼想，應該是人之常情。

一般人不會去買一個不知道對自己有什麼好處的商品。同樣的道理，如果你不知道有何好處，就算受到指示「得去做」，恐怕也做不到。

心理勵志類的書籍裡，經常頭頭是道地寫著，「先不要去思考什麼好處、壞處，總之盡全力把眼前的任務做好就對了」，這麼說確實沒錯，但不幸的是，一般人並不這麼認爲。

尤其是商務人士，他們做任何判斷時，經常思考著：「有什麼好處？」導入新系統，有什麼好處？聘請一位有工作經驗的人，有什麼好處？引進提升數字能力的培訓課程，有什麼好處？

原則上，有好處，人們才會採取行動。

抱歉，引言有點長。

總之，我想表達的是，讓我們一起來思考「用數字思考」有什麼好處。

你心裡可能已經有了答案。

但我們還是具體討論一下，爲什麼商務人士必須用數字思考。從結論來說，「用數字思考」有三個好處，讓我來一一說明。

「用數字思考」的三個好處

提高解決問題的能力

「用數字思考」的第一個好處，簡單來說就是能夠解決問題。

比方說，你的公司遇到了這樣的問題。

A 想讓營業額達到一億日圓，需要多少廣告預算？

B 明年應該聘用幾位社會新鮮人？

C 該怎麼做，才能提高新事業的營業額？

如果你在公司上班，這些必須解決的問題應該堆積如山。能否解決這些問題，將直接影響到你的工作成果與評價。

「解決問題」的這個行為，可以拆成兩大部分。

① **提出問題**

② **解決問題**

也就是說，問題的解決等於下列公式：

問題的解決（一〇〇%）＝提出問題（五〇%）＋解決問題（五〇%）

我會把「解決問題」拆成兩個部分是有理由的。

因為在這個工作中，「解決」只占了五〇%而已，**剩下五〇%的工作是「提出問題」**。

無法提出問題的人，永遠無法解決問題

無法提出問題的人，永遠無法解決問題，我認爲這是非常重要的概念。**因為有一半的問題是「不成問題的問題」**。

比方說，前面提到的ABC問題。

每一個都是必須用數字思考的問題，但是其中有一個問題的類型不太一樣。

那就是C問題：「該怎麼做，才能提高新事業的營業額？」

因爲A、B問題都有明確的目標數字，但是C問題沒有。C問題要的答案，並非具體的數字，而是「該怎麼做」這種沒有明確答案的問題。

商業上必須解決的問題，大多都是以C問題居多。

面對這種「沒有具體答案，不完整的問題」時，**我們必須做的是「將應解決的問題更加具體化」**。

以C問題爲例，營業額沒有成長，問題是出在「顧客數量」還是「定價」？

你必須掌握並將問題的原因具體化。

假設原因出在顧客人數少，就必須設定應該增加的顧客人數，並實施策略來提高。

用數字思考，就能夠幫助你在模糊不清的狀態下找出問題所在，並且解決問題。詳情將於第二章仔細探討。

能做出充滿說服力的簡報

接著是用數字思考的第二個好處。

簡單來說，就是**讓自己全身帶有「說服力」的香氣**。

我因爲工作的關係，經常到企業和商管學院等單位講課。我問學員：「爲什麼來參加這個研習課程？」

大部分的人都這樣回答：「因爲我的主張沒有說服力，每次提案都過不了，我覺得這是很大的問題，所以前來學習。」

過去，我也煩惱過同樣的問題。

我想各位應該很清楚，在商場上，只要把數字搬出來，說服力就不同凡響。

請比較以下兩個提案。

A「我需要一千萬日圓的廣告預算。我會努力讓廣告的效益達到最高。」

B「我們公司每花一日圓的廣告預算可帶來的營業額，從三年前開始分別為七日圓、八日圓、九日圓。雖然成長幅度小，但是做廣告確實能帶來營業額，轉換率佳。今年將以十日圓為目標展開行銷。今年的營業額目標為一億日圓，因此需要一千萬日圓的廣告預算。」

無庸置疑的，後者的工作能力應該比較好吧。

商場就是不斷地說服。

能夠說服他人的，不是熱情，也不是說話方式，而是以事實爲基礎，怎樣也推翻不了的邏輯論述。而充滿說服力的邏輯論述，必須要用數字來思考，用數字來說明。

說服力是暢行於商場的強大武器，也跟你的成果和評價有直接的關係。

我認爲說服力跟「香氣」是同樣的東西。

例如，大部分的女性應該都同意「聞起來香香的男性會受歡迎」這樣的講法。但是仔細想想，在那位男性的外觀和個性完全一樣的情況下，香氣竟然可以讓人對他的評價有這麼大的變化。

「充滿說服力的簡報」和「沒有說服力的簡報」的差別在哪裡？如果用比較生硬的方式來說，就在於「使用數字的簡報」和「沒有使用數字的簡報」。

但我認爲這兩者的差異是，「聞起來香香的男性」和「聞起來沒味道的男性」。前者說服得了人，後者說服不了人。實際上，兩者就只差在這個細微的小地方。

請你也爲自己噴上充滿說服力的迷人香水吧。

創造以事實為依據的信賴感

最後是「用數字思考」的第三個好處，

簡單來說，就是**備受信賴**。

爲什麼能用數字思考的商務人士會受到信賴呢？大家可能會心想「確實如此」，然後就結束了，但我想再詳細解釋一下。

你知道這本書嗎？《眞確：扭轉十大直覺偏誤，發現事情比你想的美好》（繁體中文版由先覺出版，以下簡稱爲《眞確》）。

《眞確》於二〇一九年在日本出版，是一本非常暢銷的商業管理書，也是未來的商務人士都要閱讀的一本書。

如果用一句話總結這本書的內容，就是：

「在我們所處的世界裡，以事實（數字）為依據來思考、說話，將（必須）

成為理所當然的常識。」

現在是隨手一查就可以獲得資訊的時代，各種資訊都可以輕鬆取得。也就是說，用成見或主觀立場談論事物的人，他們的「謊言」很容易就會被拆穿。

比方說，假設我在媒體或研習營的講座上，沒有做過詳細的調查，就說了這樣的話：

「日本的少年犯罪案件不斷增加。」

台下的聽眾可能看過不少惡質的犯罪事件，當下會覺得「是喔，可能確實如此吧」，而接受我的說法。

但只要稍微調查一下，就可以發現事實（數字）並非如此。

實際的數據顯示，少年犯罪事件其實是不增反減的。

少年刑事案件與一般刑事案件　移送法辦人數與人口比例變化

① 刑事案件

（昭和21年／1946年～平成25年／2013年）

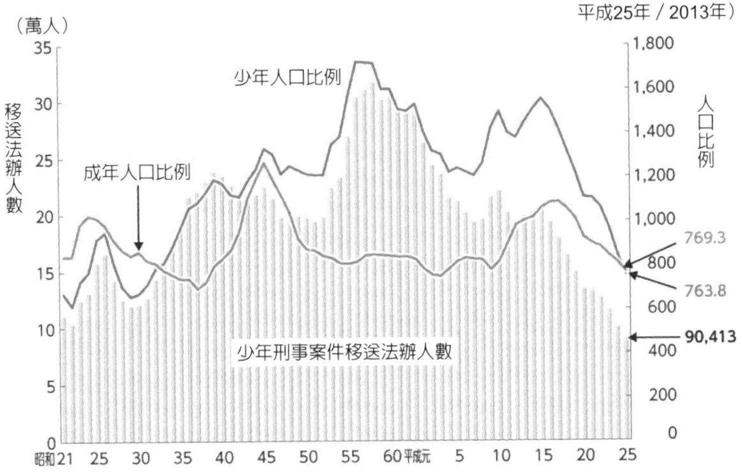

② 一般刑事案件（交通事故以外之其他刑事案件）

（昭和41年／1966年～平成25年／2013年）

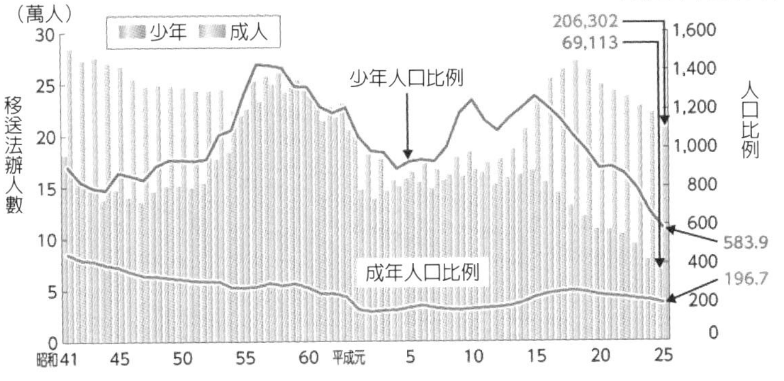

注 1. 取自警視廳的統計、警視廳交通局的資料，以及總務省統計局的人口資料。
2. 數據以犯罪發生當時的年齡計之，但移送法辦時為二十歲以上者，以成人計之。
3. 包含觸法少年的輔導人員。
4. ①刑事案件的數據，昭和45年（1970年）以後，不包含駕駛汽車過失致死傷之觸法少年。
5.「少年人口比例」和「成人人口比例」是指，每十萬人以上，十歲以上少年人數與成人，其刑事案件與一般刑事案件的移送法辦人數。

資料出處：平成26年（2014年）犯罪白皮書，少年刑事案件與一般刑事案件　移送法辦人數與人口比例變化。

就像這樣，如果說話不以事實（數字）爲依據，別人就會認爲你在說謊，而且是說話沒有一點憑據的人，之後大家都不會相信你所講的話。

接著，讓我們從稍微不一樣的角度來討論。

我也有爲職業運動員或指導員進行講課培訓。我們在課堂上討論很多事，大家都表示，就連職業運動產業也進入了應用數據擬定策略的時代。

你在電視實況轉播中應該看過這種情景：在某場排球比賽中，教練拿著平板電腦，一邊看著數據，一邊對選手下指示。

或是在觀看足球實況轉播時，對球評擁有兩支隊伍的控球率和移動距離等數據而感到吃驚。

不以事實（數字）爲依據，只會對選手怒吼「你跑得不夠快」的教練，恐怕會逐漸消失。

總結來說，跟不上「時代」的商務人士，無法獲得別人的信賴。

那是什麼樣的「時代」呢？

那是以事實（數字）為依據來談論事物，成為理所當然的時代。

所謂用數字思考，並不是指能運用數字或是算術，而是指爲了以數字爲依據來思考事物，確實地掌握事實。

能夠以事實爲依據並用數字思考的人，自然能增加別人對自己的信賴感。而且毫無疑問的，「用數字思考」會直接影響到你的成果和評價。

「用數字思考」三大好處的共同點

商務人士爲什麼必須用數字思考呢？這裡再複習一下它的三個好處。

- **提高解決問題的能力。**
- **能做出充滿說服力的簡報。**
- **創造以事實為依據的信賴感。**

你是否發現到這三個好處有一項共同點？要是請大家重讀前面的內容，實在太麻煩各位了，所以我在這裡直接揭曉答案。

用數字思考，**「跟你的成果和評價息息相關」**。

能夠解決問題、讓自己有說服力、成為備受信賴的商務人士，這些全都會直接影響到你的工作成果和評價。

這就是我在開頭的提問——「商務人士為什麼必須用數字思考呢？」的答案，也是你繼續閱讀本書可以獲得的好處。

為「用數字思考」下定義

數字就是「語言」

用數字思考的第一步，就是「定義」什麼是「用數字思考」。

爲什麼我們要先定義呢？

因爲想要學會如何「用數字思考」，必須定義清楚「什麼是用數字思考」。

假設你想得到跟「錢」有關的資訊，跑去參加一場研討會，但是你對於講師說的內容卻一點感覺也沒有。會有這樣的落差，恐怕是你和講師之間對「錢」的定義不同所造成的。

「定義」可以解釋爲「明確訂定並解釋某個概念、內容、詞彙的涵義」。讓我們一起動動腦吧。

Q：請定義什麼是「會議」？

這沒有唯一的正確答案。請你自由地按照自己的想法，試著將「會議」這個詞彙具體地定義清楚。我也試著定義看看。

「會議」→一群人以決策或分享資訊為目的，在有限的時間之內，為了達成目的而進行溝通的活動。

大部分的公司恐怕都沒有明確定義「會議」是什麼，可能正因爲如此，才會有這麼多沒有意義的會議。

同樣的道理，若想學習如何「用數字思考」，就必須定義什麼是「用數字思考」。

大部分的人平常應該不會這樣思考。但思考平常不會去思考的事情，可以讓我們接近事物的本質。

那麼我們就進入正題。首先，你會怎麼回答下面這個問題呢？

Q：請定義什麼是「數字」？

某家公司的業務員回答：「數字是我每個月所追逐的東西。」

某個會計員則說：「數字是井然有序的東西。」他們會這樣說，是因爲其工作內容是連一個位數的錯誤，也必須抓出來的關係。

某個經營者答道：「數字是告訴我身體狀況的東西。」他所指的身體狀況，應該是指公司的經營狀況。很有趣，對吧？同樣的問題，有各種不同的答案，而且沒有唯一的正確答案。

但是，我想這樣定義數字，來做爲所有商務人士都通用的答案。

「數字就是語言」。

有些人可能很認同這樣的說法，有些人可能對這個定義沒感覺。

因此，我在這裡必須稍微說明一下。

假設你在便利商店買東西，你把要購買的商品拿到櫃檯結帳，店員掃完條碼，再把商品裝到袋子裡交給你。

店員跟你說：「一共是一千一百日圓。」你付完錢之後就離開了。

在這個平凡的過程中，這是僅有一次卻眞實存在的人與人之間的溝通；也是將數字當作溝通的工具來使用的瞬間。

或是，假設你被指派主辦公司的忘年會。

你找到一家合適的餐廳，便直接去洽談忘年會的細節。

店家詢問你：「有多少位？」「預算是多少？」「什麼時候舉行？」等問題。

這些都是必須清楚掌握的重要資訊，也是數字被當成溝通工具的典型例子。

就像這樣，如果從我們平常就在各種場合使用數字來看，把數字定義爲溝通的工具，應該是再自然不過了。

所以，「數字就是語言」。

「我不擅長數字」與「我不擅長用數字思考」完全是兩回事

很多商務人士說：「我不擅長數字……。」

或許你也是其中之一。

但是，定義能幫助你了解「不擅長」的眞實面貌。

從結論來說，沒有商務人士是不擅長數字的。

因爲你所謂的「我不擅長數字」，很有可能是「我不擅長說話」。「我不擅長說話」究竟是什麼意思呢？

像是前面的例子裡，你聽到「一共是一千一百日圓」這句話時，會感到不愉快嗎？如果你是忘年會的總召，跟店家進行溝通時，你會覺得「眞的有點不擅長」嗎？

你應該不會那樣想吧。

那麼，你眞正不擅長的是什麼？

×**「我不擅長數字」**

○**「我不擅長用數字思考」**

以下是我彙整的重點。

大家並非不擅長數字，只是不習慣用數字思考而已。

「不擅長數字」的意思是，無法喜歡自己所使用的這個語言。這就跟「不擅長講正面積極的話」、「不想說粗俗的語詞」是一樣的。

如前所述，我認爲應該很少人會對數字這個語言感到棘手。

另一方面，「不擅長用數字思考」的字面意思，就是**「不擅長思考」**。

問題不在於「數字」本身，而是在如何「思考」。也就是說，只要你知道如何具體地思考，就可以解決這個問題。

如果你覺得自己「不擅長數字」，一定要清楚了解這一點。你跟數字，早就已經是好朋友了。

你並非不擅長數字，只是不習慣用數字這個語言來思考而已。

只要會「四則運算」，任何人都做得到

當我說到只要會「四則運算」（＋－×÷），任何人都做得到，曾經有人這樣「反駁」我：「您說得對，但計算什麼的，我真的爛到不行⋯⋯。」

計算能力的確有個體性差異。

我想先給各位看看，我在某堂培訓課程中跟山口小姐（化名）之間的提問和對話。對話的內容有點長，但是請各位讀到最後。

山口：雖然您這樣說，但計算什麼的，我真的爛到不行。

深澤：爛到不行嗎？（笑）

山口：一點也不好笑啦，我真的沒辦法馬上計算出來。

深澤：山口小姐，妳覺得數字是什麼？

山口：是一種語言。

深澤：那妳覺得計算是什麼？

山口：咦？

深澤：數字是一種語言，那運用數字所做的計算又是什麼呢？

山口：……？

深澤：我的答案是「文章」，那是組合了許多語言，編製出來的東西。

山口：文章？

深澤：比方說，請問利潤該怎麼計算？

山口：營收減去成本嗎？

深澤：對。山口小姐現在就寫了一段文章：「營收減去成本，就是利潤。」

山口：？

深澤：山口小姐會加減乘除嗎？

山口：咦，會啊。

深澤：那就沒問題了，商業所需的計算，妳全部都會了。

山口：？

當然，在這之後，我使用白板繼續向山口小姐說明。

這個「寫文章」的感覺，你也明白了嗎？

我們繼續來看看什麼是用數字「寫文章」。

首先是，「營收－成本＝利潤」這個大家都知道的計算。

這也是一種商業上使用的文章。利潤就是「營收與成本組合而成的東西」。

這三個都是數字，也就是語言。

將這三種語言串連起來的行爲，不就是「計算」嗎？

用一個更簡單的例子來看，例如：「商品價格＋稅＝含稅價格」的計算，也是將三種語言串連起來的東西，可以說是運用在日常生活中的文章。

這裡再舉一個相似的例子。

某公司的每人生產力（日圓／人）

＝那家公司產生的總附加價值（日圓）÷員工人數（人）

這三個都是數字，也就是語言，計算就是串連語言的行爲。

我所表達的是，**商業上使用的計算，一定是把語言串連起來的文章**。

大家在小學時期，都做了很多算術練習本的計算題，那時所做的計算應該長得像這樣：

問題：請計算下列的式子

$50 \div 4 \times 2 + 42 \div 7 = ?$

這稱不上是串連的語言，因爲我們完全不知道「五十」、「四」是什麼意思。

在辦公桌上解這樣的計算題，一點商業意義也沒有。

但如前所述，計算利潤和生產力，在商業上有非常重要的意涵。

商務人士所做的計算，就是把多個語言串連起來，做成文章，實際的數字運算，只要交給計算機、試算表和人工智慧代勞就可以了。

我們小時候被要求擁有的計算能力，可能只是計算機、試算表和人工智慧的計算內容。

但商務人士必須擁有的計算能力則不同。

簡單一句話，就是「寫文章的能力」，只要進行四則運算（＋－×÷）就可以了。不，其實只要下指令就行了，覺得自己對數字過敏的人，也可以輕鬆做到這一點。

「用數字思考」，任何人都做得到。

最後，我想介紹一個練習，讓各位熟悉一下運用多個語言寫文章的感覺。只要有辦法寫出文章，商務人士百分之九十九的計算工作就完成了。

◎練習

Q1：如何說明獲利能力？

Q2：如何表達一個月的工作時間？

Q3：如何呈現營業額？

↓

A1：（營業利潤率）＝（營業利潤）÷（營收）。

A2：（一個月的工作時間）＝（固定的上班時間～下班時間）×（出勤日數）＋（加班總時數）。

A3：（營收）＝（得到的錢）－（退回的錢）＝（入帳）－（退費）。

用數字思考＝定義×計算×邏輯思考

請大家記得，這裡的主題是「定義什麼是『用數字思考』」，所以我們在前面定義了「數字」和「計算」。

在這之後，本書應該還會做好幾次的「定義」，因爲我是個「定義狂」。

我也希望透過本書，向各位傳達定義事物的重要性。

所以，我趕快先幫現在的主題做個總結。

什麼是「用數字思考」？其定義如下：

用數字思考＝定義×計算×邏輯思考

「用數字思考」就是定義、計算，以及運用邏輯思考。

「用數字思考」就是由這三個要素相乘而成。因爲是相乘，所以只要有一個爲「零」（欠缺），結果就會是「零」。也就是說，這四個語言是由四則運算串連起來的。

最後是「邏輯思考」，這是經常聽到的一個詞，我把它說明得具體一點。

邏輯思考指的是，有條理地思考。

例如，我再說一次「Q3：如何呈現營業額？」的答案。

（營收）＝（得到的錢）－（退回的錢）＝（入帳）－（退費）

該如何針對這個例子來進行邏輯思考呢？

這個文章所使用的語言有點「簡略」吧？

如果把使用的語言「具體化」，可以用以下方式表達。

（營收）＝（入帳）－（退費）

（營收）＝（客單價）×（來店人數）×（成交率）－（退貨單價）×（退貨數量）

因此，當營收減少時，用簡化的方式來思考，原因可能在於「入帳」減少，或是「退費」增加，或者兩者皆是。

只要運用四則運算，就可以找出明確的原因，假如是「退費」增加的話，就要確認是「退貨單價」增加，還是「退貨數量」增加。

營收減少

←定義×計算

（營收）＝（入帳）－（退費）

←也就是說

「入帳」減少，或是「退費」增加？

↓然後

發現實際上是「退費」增加。

↓定義×計算

（退費）＝（退貨單價）×（退貨數量）

↓也就是說

是「退貨單價」增加？還是「退貨數量」增加？或是兩者都增加？

↓然後

發現實際上是「退貨數量」在過去半年增加了三〇％。

←也就是說

證明營收減少的主要因素是「退貨數量」的增加。

這一連串的過程，就是「用數字思考」的簡單範例。

所謂有條理地思考，指的就是「←然後」和「←也就是說」的地方。

到這裡，各位應該可以明白，「用數字思考」結合了定義、計算和邏輯思考，而且這三個要素缺一不可了吧。

以上就是本書對「用數字思考」的定義。

想成為徹底用數字思考的人，必須做到兩件事

犯錯的機率可以降低到什麼程度

（依據事實來思考）

在為「什麼是用數字思考」下好定義之後，接著要怎麼做呢？從結論來說，我們必須了解「用數字思考」的整體圖像。

「用數字思考」有以下兩個種類：

- **依據事實來思考**
- **依據假設來思考**

我們先來看「**依據事實來思考**」。前文已經說明了「以事實為依據的信賴感」的概念，但是它只占了「用數字思考」的五〇%。

我先從背景開始說明。

我在幫企業做培訓時，都會要求參加者發言，然後我發現一件事，就是現在的商務人士「不想說錯話」的想法很強烈。

生活在沒人知道正確答案的世界，我們不會想著一定要講出正確答案，但是也不想被別人說：「你說的好像不太對吧！」我們會有這樣的想法，是因為我們不想丟臉、不想失敗。

我當然也有這種想法，尤其是這幾年來，這樣的傾向更是明顯。

想要在工作上獲得成果，有兩種方法。

一個是提高成功的機率。

另一個是盡可能降低失敗的機率。

比方說，你徹底蒐集「簡報失敗的例子」，在分析之後做出這樣的結論：用一張紙來說明，失敗的機率最低。

我認爲用哪一種方法都可以。

只不過，如果你選擇了「盡可能降低失敗的機率」的方法，就必須依據事實來思考，也就是依據手上的數字來思考。

- 依據去年營業額的數據，訂定今年的銷售計畫。
- 依據過去五年的數據，分析人事費用的增加，對企業的經營帶來了多少成本壓力。
- 掌握那些資料製作速度較慢的新進員工，究竟把時間花在哪裡。

這些全都能以事實爲依據，運用數字來分析。

以事實爲依據之中，「數字」就是事實。由此所得到的結論，出錯的機率比較低。

多數商務人士所想像的「用數字思考」，應該就是「依據事實來思考」，但它只占了「用數字思考」的五〇％。

把「沒有正確答案的問題」化為數字思考
（依據假設來思考）

那麼「用數字思考」的另外五〇％是什麼呢？

另外五〇％就是**「依據假設來思考」**。

所謂的「假設」，就是「假定」，或是「尚未證明的主張」。跟前面提到的以事實為依據不同，這是手上沒有「事實」時所使用的思考方法。

爲了降低犯錯的機率，工作時希望以事實爲依據，但是手上沒有事實，不知道什麼是事實。很可惜，這樣根本不可能「用數字思考」，結束。這樣的結論也太讓人沮喪了，不是嗎？

如果手上沒有事實，就只能以假設來進行工作了。

我用前面的例子進一步說明。

●依據去年營業額的數據，訂定今年的銷售計畫。

但這個方式必須要有「去年的營業額數據」的事實，才得以成立。

假如是今年才剛起步的新事業，該怎麼辦呢？那就是：

●訂定今年的銷售計畫。

這就會變成必須從無中生有。應該不會有人說：「因爲沒有事實，所以沒辦法制定計畫。」如果有這樣的人，最好不要把新事業交給他。

大多數人應該都會像以下這樣想：

●假設各種情況，訂定今年的銷售計畫。

即便手上沒有事實，面對沒有正確答案的問題，也能提出假設，然後用數字思考，找出解答。這就是以假設為依據來思考的能力。

想要依據假設來思考，當然不容易。至於實際上該怎麼做，會在本書的後半部分詳細說明。

總結來說，「用數字思考」有兩種：一種是依據事實來思考，另一種是依據假設來思考。用數字思考的一連串過程整理如下：

不想出錯

↓

依據事實來思考是理想狀態

↓

但手上沒有事實

↓

因此選擇依據假設來思考

←

所有人都能做出假設

←

無論什麼時候，每個人都可以「用數字思考」

如果手上有事實（數字），就能夠依據事實來思考。

即便手上沒有事實，但只要建立假設，就可以製造數字，這是所有人都做得到的。任何時候、任何人都可以「用數字思考」。我想表達的觀念，總結於下面這句話。

所有人都可以用數字思考，商場上的任何事物，都能用數字思考。

取得對人、事物和金錢的「影響力」

本書的目標是要讓各位學會如何組合「依據事實」和「依據假設」，來「用數字思考」的方法。

但那只是暫訂的目的，本書還有一個眞正的目的。我先請問你一個問題。

Q：「用數字思考」眞正的目的是什麼？

你眞正的目標應該不是學會「用數字思考」，而是想要透過「用數字思考**實現某件事**」。

商務人士爲什麼必須用數字思考呢？答案就是前面提到的，用數字思考的三個好處。

- 提高解決問題的能力。
- 能做出充滿說服力的簡報。

●創造以事實為依據的信賴感。

但它們只是表面的好處，本身並不是目的，那眞正的目的是什麼呢？

我的答案是：用數字思考的眞正目的，是為了**「影響人、事物和金錢」**。

●解決問題→增加營業額、增加顧客人數、縮短時間等。
●說　服　力→打動人心，讓對方「恍然大悟」地心服口服。
●信　賴　感→讓人按照指示行動，毫無抗拒。

用數字思考，能夠直接影響人、事物和金錢。以下是我對「用數字思考」眞正目的所下的定義：

產生影響力，實現你想達成的事情。

從商業的角度來看，所謂「有能力的商務人士」，就是能夠影響人、事物和金錢的人。這就是社會上大家常說的，「工作能力好的人，能用數字思考」的眞面目。

「用數字思考」的一切

我盡可能以平易近人的文字和例子，仔細說明了「用數字思考」的本質，現在該為第一章做總結了。

換言之，也可以說是關於「用數字思考」的一切。

用數字等量化方式表現的內容，一般稱為「量化內容」。另一方面，跟量化相反的內容，則稱為「質化內容」。

比方說，你的身高是一百七十五公分，這是量化的資訊；你是帥哥或美女，這是質化的資訊。

以事實為依據的情況，都是手上已經擁有「數字」這個事實。

因此，「用數字思考」所產生的內容，當然也會用數字來呈現，也就是用量化資訊製造量化資訊。

爲了方便起見，這裡將這種情況以**「量化→量化」**表示。

那麼以假設爲依據的情況呢？

手上沒有數字，只有質化資訊的情況。這時，以假設爲依據出發，創造出數字產物。

也就是，從質化的資訊產出量化的資訊，即**「質化→量化」**。

如果你能產出數字的話，就可以用來說服自己或別人。而被說服的對象，能夠影響人、事物和金錢。

倘若人、事物和金錢因此有了變化，自然會產生一些結果。

接下來，你就可以得到那個結果所呈現出來的新數字（此爲確切的事實），然後以新的量化資訊做爲事實依據來思考，用數字找出造成那個結果的原因。你找到的原因，可以再次說服自己或是別人，而被說服的對象，又影響了人、事物和金錢。接著，你又可以得到那樣的結果所呈現出來的新數字（此次也是確切的事實）。

聽起來是不是很熟悉呢？你應該已經注意到了，這個流程就像是一個循環結構，重複著相同的行爲。

不用我多說，這就是工作的基本，也是商務人士使用數字的根本。

這些工作基本功，商場上的人都知道，一點也不新鮮。但是，我希望這些說明能讓各位了解到，它們與本書的主題「用數字思考」之間的關係相當緊密。

接下來，我將爲大家說明「用數字思考」的具體方法。

以事實爲依據（量化→量化）的工作技巧，將於第二章和第三章說明，以假設爲依據（質化→量化）的工作技巧，將於第四章詳細解說。

讓我們切入大家最想知道的主題，看看用數字思考「該怎麼做」吧。

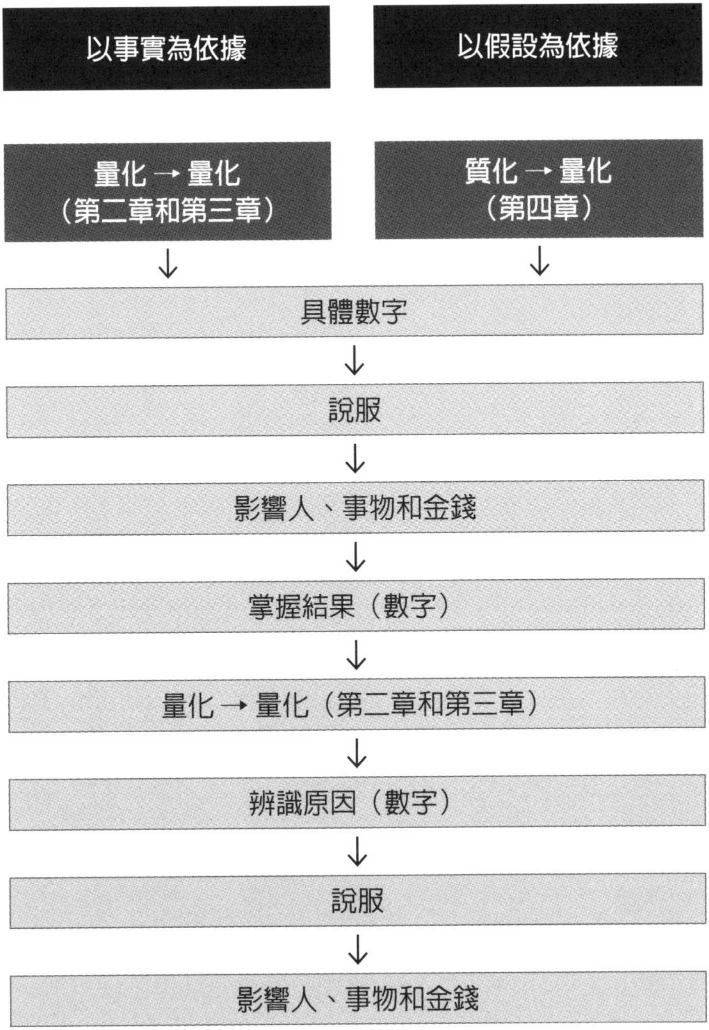
以事實為依據
以假設為依據
量化 → 量化
（第二章和第三章）
質化 → 量化
（第四章）
具體數字
說服
影響人、事物和金錢
掌握結果（數字）
量化 → 量化（第二章和第三章）
辨識原因（數字）
說服
影響人、事物和金錢

Chapter 2

用數字思考「原因」和「結果」

困難的問題，
要細分成小問題來思考。

勒內・笛卡爾
（René Descartes，數學家，1596~1650）

能用數字報告結果，卻無法用數字說明原因的人

你有辦法從「結果」說明「原因」嗎？

我們在第一章說明了用數字思考的其中一個方法，也就是依據事實（＝數字）來思考。

這裡的「事實」，可以更換成「結果」。比方說，你任職公司的營業額是「事實」，同時也是「結果」的同義詞。

「事實」＝「結果」

在這樣的定義之下，依據事實來思考，指的就是依據得到的結果（＝數字）來思考。

商業上的結果，大多是數字，而且是已經取得的事實。比方說，去年的營業額、上個月的離職人數、昨天實行的顧客滿意度調查等。

你應該能夠輕鬆地用數字呈現這些結果。但是，依據事實來思考，當然不只是把這些數字整理好而已。

用數字說明「事實」，小學生也做得到。

這不是商務人士追求的目標。

從「結果」導出「原因」。

這才是「依據事實來思考」的正確定義，才是我們商務人士的工作。

無法從「結果」導出「原因」的理由

但事實上，有許多商務人士因爲無法運用數字來進行以事實爲依據的思考，而感到煩惱。或許你也是其中之一。

爲什麼做不到呢？理由如下：

因為不知道該怎麼從結果（數字）導出原因（數字）。

請參考下面的例子。

- 營業額減少了〇・二億日圓。
- 離職人數十四人。
- 顧客滿意度降低了五％。

結果	
內容	數字
去年的營業額	減少了0.2億日圓
上個月的離職人數	14人
昨天實行的顧客滿意度調查	比上一年降了5%

報告結束！ ×

原因是……。 ○

一直盯著「〇・二億日圓」這個帳面數字，永遠得不到你想知道的資訊「原因」在哪裡。也就是說，我們必須讀出「〇・二億日圓」這個數字背後的訊息。對於十四個人離職和顧客滿意度掉了五%，也是同樣的道理。

解讀「結果」這個數字背後的訊息，能幫助我們尋找「原因」，具體方法稍後再跟各位一起思考。

讓我們先一起思考，該怎麼做才能把以事實爲依據的思考運用在工作上。

我先說明**「現代商務人士容易出現的毛病」**，以便各位理解並實踐如何依據事實來思考。

「手上有數據，卻不知該如何是好」症候群

你健康嗎？

身爲商務數學教育家，在爲衆多的商務人士進行培訓的過程中，我發現了一件事。

無法從「結果」導出「原因」，是現代商務人士容易出現的毛病。你覺得那是什麼樣的症狀呢？其症狀是：

「手上有數據，卻不知該如何是好」症候群。

我們都想要依據事實來思考，從「結果」導出「原因」，並對想要改變的事物產生影響力。如果罹患了不知道該如何使用數據的症候群，在進行前述工作時就會出現問題。說不定你也有這樣的毛病。

讓我們一起來弄清楚這個毛病的真面目，同時介紹依據事實來思考的一些具體方法。

被「數據之海」淹沒的人們

「手上有數據，卻不知該如何是好」症候群的名稱，是我實際在培訓等課堂上，從許多商務人士那裡聽來的。

以下是我與培訓課堂上認識的片瀨先生（化名）之間的對話。請各位把內容從頭到尾快速地看一遍。

片瀨：哎，數字什麼的，我真的不擅長耶。

深澤：你什麼時候會有那樣的感覺？比方說？

片瀨：什麼時候嗎？

深澤：對。大家都說不擅長，但是都說不清楚，具體來說是什麼時候？為什麼你會那樣想呢？

片瀨：嗯……

深澤：這是我學習的機會，請你把想到的事直接告訴我。

片瀨：公司內部有許多對工作很有幫助的數據，只要打開資料庫，調出過去的會議資料，就有數不清的數據可以使用。

深澤：嗯。

片瀨：但是我不知道該怎麼使用那些數據……

對於片瀨先生的煩惱，你是不是覺得有些地方很有共鳴呢？

接著是我與在其他培訓課堂上認識的本田小姐（化名）之間的對話。也請各位快速地把內容看一遍。

本田：你別看我這樣，我其實很喜歡數字。

深澤：喔，那很棒啊！

本田：我讀了很多書，也在網路上查資料，我很喜歡用Excel的函數，將數據加工。

深澤：你是自學啊，真是了不起！

本田：但是啊，老師……

深澤：？

本田：我用Excel等工具分析了數據，用各種函數或技巧把數字跑了一遍之後，就停下來了。

深澤：是喔。

本田：然後我就不知道接下來該怎麼辦，你懂我的意思嗎？

深澤：嗯，我懂你的意思。（笑）

的確，只要知道試算表（如Excel等）的使用方式，就有辦法分析數據。但是不知爲何，最重要的「產出物」卻做不出來。這也是我經常從商務人士口中聽到的情況。

大家應該已經看出片瀨先生和本田小姐之間的共同點了吧？他們手上明明有非常豐富的數據，卻不知道該怎麼辦才好。

我將這樣的症狀描述為「被數據之海淹沒」。

這是什麼意思呢？讓我用具體的例子爲各位說明。

請各位看下一頁的兩種數據。這些密密麻麻的數字，都是與日本老年人有關的數據。

● 全球老年人口比例變化

1. 歐美

（%）

	1950	1955	1960	1965	1970	1975	1980	1985	1990	1995	2000	2005	2010	2015	2020	2025	2030	2035	2040	2045	2050	2055	2060
日本	4.9	5.3	5.7	6.3	7.1	7.9	9.1	10.3	12.1	14.6	17.4	20.2	23	26.6	28.9	30	31.2	32.8	35.3	36.8	37.7	38	38.1
瑞典	10.2	10.9	11.8	12.7	13.7	15.1	16.3	17.3	17.8	17.5	17.3	17.3	18.2	19.6	20.3	21.1	22.1	23.3	24	24.1	24.4	25.2	26.3
德國	9.7	10.6	11.5	12.5	13.6	14.9	15.6	14.6	14.9	15.5	16.5	18.9	20.5	21.1	22.2	24.1	26.8	29.3	30	30.2	30.7	31.4	31.7
法國	11.4	11.5	11.6	12.1	12.8	13.4	13.9	12.7	14	15.1	16	16.5	16.8	18.9	20.7	22.3	23.9	25.2	26.2	26.5	26.7	26.9	26.9
英國	10.8	11.3	11.8	12.2	13	14.1	15	15.2	15.8	15.9	15.9	16	16.6	18.1	19	20.2	22	23.5	24.3	24.8	25.4	26.2	26.7
美國	8.2	8.8	9.1	9.5	10.1	10.7	11.6	12.1	12.6	12.7	12.3	12.3	13	14.6	16.6	18.7	20.4	21.2	21.6	21.8	22.1	22.7	23.6

2. 亞洲

（%）

	1950	1955	1960	1965	1970	1975	1980	1985	1990	1995	2000	2005	2010	2015	2020	2025	2030	2035	2040	2045	2050	2055	2060
日本	4.9	5.3	5.7	6.3	7.1	7.9	9.1	10.3	12.1	14.6	17.4	20.2	23	26.6	28.9	30	31.2	32.8	35.3	36.8	37.7	38	38.1
韓國	2.9	3.3	3.4	3.5	3.5	3.8	4.1	4.5	5.2	6	7.2	8.9	10.7	13	15.7	19.9	23.9	27.7	31.1	33.4	35.3	35.9	37.1
中國	4.4	4.1	3.7	3.4	3.8	4.1	4.7	5.3	5.7	6.2	6.9	7.7	8.4	9.7	12.2	14.2	17.1	20.9	23.8	25	26.3	29.4	30.5
印度	3.1	3.2	3.1	3.2	3.3	3.5	3.6	3.7	3.8	4.1	4.4	4.8	5.1	5.6	6.6	7.5	8.5	9.5	10.6	11.9	13.4	15.1	16.7
印尼	4	3.8	3.6	3.3	3.3	3.5	3.6	3.6	3.8	4.2	4.7	4.8	4.8	5.1	5.8	6.9	8.3	9.7	11.1	12.5	13.8	14.8	15.7
菲律賓	3.6	3.3	3.1	3	3	3.1	3.2	3.2	3.1	3.1	3.3	3.5	4.1	4.6	5.2	5.9	6.7	7.6	8.3	9.1	9.8	10.8	12.1
新加坡	2.4	2.2	2	2.6	3.3	4.1	4.7	5.3	5.6	6.4	7.3	8.2	9	11.7	15	19.2	23.2	26.6	29.7	32	33.6	34.5	35.8
泰國	3.2	3.3	3.3	3.4	3.5	3.6	3.7	4	4.5	5.5	6.5	7.8	8.9	10.6	12.9	16	19.4	22.8	25.8	27.9	29	29.5	30.6

資料來源：
UN, World Population Prospect: The 2017 Revision。
2015年以前的數據來自日本總務省的「國勢調查」。
2020年之後的數據，則是依據國立社會安全與人口問題研究所「日本未來人口推算」當中的出生中位數、死亡中位數，假定數據，推算所得之結果。

● 各都道府縣的老年人口數

	總人口（千人）	65歲以上人口（千人）
北海道	5,320	1,632
青森縣	1,278	407
岩手縣	1,255	400
宮城縣	2,323	631
秋田縣	996	354
山形縣	1,102	355
福島縣	1,882	569
茨城縣	2,892	819
栃木縣	1,957	536
群馬縣	1,960	567
埼玉縣	7,310	1,900
千葉縣	6,246	1,692
東京都	13,724	3,160
神奈川縣	9,159	2,274
新潟縣	2,267	709
富山縣	1,056	334
石川縣	1,147	331
福井縣	779	232
山梨縣	823	245
長野縣	2,076	647
岐阜縣	2,008	589
靜岡縣	3,675	1,069
愛知縣	7,525	1,852
三重縣	1,800	522
滋賀縣	1,413	357
京都府	2,599	743
大阪府	8,823	2,399
兵庫縣	5,503	1,558
奈良縣	1,348	408
和歌山縣	945	304
鳥取縣	565	175
島根縣	685	230
岡山縣	1,907	567
廣島縣	2,829	809
山口縣	1,383	462
德島縣	743	241
香川縣	967	301
愛媛縣	1,364	437
高知縣	714	244
福岡縣	5,107	1,384
佐賀縣	824	240
長崎縣	1,354	424
熊本縣	1,765	531
大分縣	1,152	367
宮崎縣	1,089	338
鹿兒島縣	1,626	501
沖繩縣	1,443	303

資料來源：平成30年（2018年）高齡社會白皮書（完整版）-4 各區域之高齡化

有些人應該覺得，這些表格看起來就讓人煩躁。真的，要把這些表格全部看過一次並且記起來，根本是不可能的。

好，接下來我想請你做一件事，這件事非常簡單。

「請整合這些數據，做一點東西出來。」

突然被要求使用這麼大量的數據，你應該會感到疑惑，不知道接下來該怎麼辦才好。

假設你是一個看數據不會有壓力，懂得操作試算表的人，應該「多少能夠分析」這些數據吧？

但是，你用想得到的方式，把數據全部跑過一遍之後，是不是突然不知道還能怎麼做，而感到困擾呢？

就算是專家，在工作時也會遇到同樣的情況。

有一天，我跟一位資料分析顧問聊天，他講了一段話，讓我印象非常深刻。

「我跟客户進行諮商時，常常碰到客户這樣問我：『你能不能用我們公司長久累績下來的數據做一點什麼？（你可以從這些數據讀出什麼嗎？）』他們不知道要做什麼，不知道目的是什麼，一點想法也沒有。能不能用那些資料做一點什麼？這眞的有點強人所難耶（苦笑）。」

我的感覺跟他講的是一樣的。而這也是前述片瀨先生和本田小姐的毛病。

但是，如果我把前面的問題改成這樣呢？

「請你用都道府縣個別的數據，分析各區域的趨勢。」

這時，你應該會捨棄**各都道府縣以外的數據**，然後從數字的大小，尋找有無明顯的趨勢。如果發現了什麼趨勢，你就已經完成了一項工作。

首先，限定要使用的數據，然後清楚定義要做的事，就能夠具體有效地完成工作。

「請用這些數據，做一點東西出來。」就像是要你在大海撈針一樣。面對這種要求，不但讓人感到困擾，也不知道該怎麼做。

「請你用都道府縣個別的數據，分析各區域的趨勢。」這應該容易多了。

如果你也在數據之海中載浮載沉，只要按照以下的三個步驟，就有辦法解讀數字。

步驟一：定義你現在要做的事。

步驟二：找出必要的數據，把剩下的數據丟掉。

步驟三：只分析必要的數據，產出你要的東西。

以前述跟日本老年人有關的數據為例，就會像這樣進行分析。

步驟一：將工作定義為「分析各區域的趨勢」。

步驟二：只使用都道府縣個別的數據，其他的都丟掉。

步驟三：發現資料具有○○的趨勢。

我希望片瀨先生和本田小姐學習的，就是這種工作技巧。

操作數字的前置工作，決定了「用數字思考」的九成

時代不一樣了，現在是可以輕鬆掌握各種數據的時代。說得誇張一點，就算手上沒有工作所需的數據，也不必煩惱。

那麼，大家究竟在煩惱什麼呢？答案是：面對龐大的數據時，到底該怎麼辦才好。

正因爲如此，**我們目前需要的是，判斷該使用哪些數據，該丟掉哪些數據的能力。**

我想深入介紹前面提及的工作技巧，此處再複習一下流程。

步驟一：定義你現在要做的事。

步驟二：找出必要的數據，把剩下的數據丟掉。

步驟三：只分析必要的數據，產出你要的東西。

我希望各位了解一件事，那就是本書的主題——**分析「數字」，其實只出現在最後的步驟三而已**，步驟一和步驟二根本不會碰到數字。

換句話說，分析數字之前的作業，決定了你是否會被「數據之海」淹沒。**分析數字的前置作業，決定了「用數字思考」的九成**，這句話眞的一點也不誇張。

顧客滿意度九〇％真的很厲害嗎？

——解讀數字背後的涵義

前面介紹的三個步驟中，只要步驟一做得確實，步驟二就不會有問題，之後你要做的，只剩下步驟三的解讀數字。

進行步驟三時，不需要艱深的理論或專業知識，只要會四則運算（＋－×÷）就夠了。

那麼，該用什麼樣的觀點進行四則運算呢？

作法有好幾種，以下介紹幾個代表性的模式。

首先是解讀「％」百分比的技巧。

很明顯的，「％」百分比這個數字，由分母和分子組成，更具體地說，就是一個數字對另一個數字的比值關係，由兩個數字組成。百分比指的就是兩個數字之間的比例關係。

也就是說，在解讀「～％」時，只要思考百分比背後的兩個數字即可。

比方說，想要正確理解「顧客滿意度九〇％」的涵義，就必須掌握是由誰進行調查，調查了多少人等資訊。如此才能具體討論「該怎麼做才能將滿意度從九〇％提升到九十五％」。光是說「讓滿意度再提升五％吧」，沒有人會知道該從何處下手。

但是，「顧客滿意度九〇％」，眞的很厲害嗎？

這裡必須思考的是「九〇％」背後的兩個數字。

「九〇％」指的是，隨機抽樣一千名曾經購買的消費者，其中九百人回答滿意呢？還是連續五年使用此服務的超忠實顧客，十位當中有九位回答滿意呢？

如果是前者的話，應該可以認定爲正面評價，「大部分的顧客都感到滿意」；但若是後者，將之認定爲負面評價，正視一位忠實顧客感到不滿意的事實，可能比較妥當。

爲了讓各位清楚理解這是什麼意思，我準備了一道練習題。

〈練習〉

A店：販售商品的價格範圍跟去年差不多，今年的業績跟去年相比成長了二〇%。

B店：販售商品的價格範圍比去年高出一〇%，今年的業績跟去年相比成長了三〇%。

請問，你覺得A店和B店，哪家店的業務推廣成果較佳，業績成長比較多？

讓我們試著解讀百分比背後的兩個數字吧。

首先，把「A店的業績跟去年相比成長了二〇%」，換成「業績從一〇〇增加到一二〇」。也就是說，業務推廣的成果是「二〇」。

A店：一〇〇 → 一二〇

而B店則是：

B店：一〇〇 → 一三〇

B店營業額的增加，應該受到了商品價格提高一〇％的影響。也就是說，業績增加的三〇當中，有一部分是受到價格提高所帶來的影響。

因此，我們要把受到價格上升的影響扣掉。

換句話說，業績提高的一三〇，必須除以相當於一一〇％的一．一。

130÷1.1＝118.18…

也就是說，「一一八」是去除價格調高的因素後，實際業績成長的數字。

業績增加的三〇當中，業務推廣的成果數字大約是十八，剩下的十二，應該是受到商品售價提高所帶來的影響。

用以上內容爲基礎，A店成長爲一二〇，B店成長爲一三〇的數字，可以用下列乘法式子來表示。

A店：120＝100×1.20　業績比去年努力提升了二〇%。

B店：130≒100×1.18×1.10　業績比去年努力提升了十八%。

因此我們可以說，A店業務推廣的成果比B店好。

不要只是以表面的增加比例來進行判斷，而是留意並分析現象背後的數字，就能讓你說出不一樣的東西。這就是所謂解讀數字背後的涵義。

不過，這個練習題沒有正確的解答，應該還有其他的解釋方式。

我想表達的重點是，掌握解讀「%」背後數字的技巧。而此技巧就是弄清楚

「%」背後的分母和分子這兩個數字。

「用乘法分解」與「用加法分類」——拆解是數值分析的基本

接著，我希望大家學會的技巧是「拆解」，具體的方法有兩個。

- **用乘法分解**。
- **用加法分類**。

這兩個方法的共同點在於，**將原本的「大數字」細分為「小數字」**。我們的目標是要依據事實來思考，並從「結果」說明「原因」，因此「拆解」是很重要的觀點。

比方說，精密機械發生故障時，大部分的原因都是某個小零件出現問題。

故障是結果，原因出在小零件，若想從結果找出原因，就必須確認細節；而細節的確認，就必須將結果拆解成可以一一確認的狀態。

這就跟「解讀數字」完全一模一樣。

請大家回想一下剛才提到的Ｂ店。

Ｂ店：130≒100×1.18×1.10

我們可以這樣拆解，一三〇這個數字，是由一〇〇、一・一八、一・一〇這三個數字相乘得到的結果。

這可不是隨便捏造數字，而是從拆解一三〇的想法出發，經過計算後所得到的結果。

具體來說，乘法算式拆解如下：

（今年的營業額）＝（去年的營業額）×（業務推廣）×（產品價格的提高）

除此之外，我們也可以用乘法來拆解式子，解讀數字背後的涵義，應用到各種商業情境。

- **（營業額）＝（平均單價）×（顧客人數）**
  ＝（平均單價）×（來店人數）×（成交率）

- **股東權益報酬率（ROE）**
  ＝（當期稅後純益）÷（股東權益）
  ＝（當期稅後純益÷銷售總額）×（銷售總額÷資產總額）×（資產總額÷股東權益）
  ＝（純利潤率）×（總資產週轉率）×（財務槓桿度）

在解讀股東權益報酬率數字背後的涵義時，把它拆解成乘法式子，就可以掌握增加（或減少）的原因，分析純利潤率、總資產週轉率和財務槓桿度，哪個因素帶來的影響比較大。

用加法分類也有同樣的優點。透過拆解，讓結果變成可以一一確認的狀態，方便我們尋找造成結果的原因。

前面用乘法拆解了「營業額」，但我們也可以使用加法做分類思考。

- **（營業額）＝（新顧客的營業額）＋（既有顧客的營業額）**

如果再加入前面乘法拆解概念的思考，可以更進一步地解讀營業額這個數字背後的涵義。爲了方便，新顧客用「N」，既有顧客用「O」表示。

- **營業額**

＝（新顧客的營業額）＋（既有顧客的營業額）

＝（N平均單價）×（N來店人數）×（N成交率）＋（O平均單價）

×（O來店人數）×（O成交率）

爲什麼營業額增加（或減少）呢？利用有效的方法來釐清原因，應該比較容易想像吧。

你在工作上經常使用的數字，可以用什麼樣的乘法拆解呢？或是可以用什麼樣的加法分類呢？

事出必有因，你一直無法從「結果」找出「原因」，可能就只是卡在這個意外簡單的環節。

尋找趨勢和異常——資料分析專家都在做什麼？

最後要介紹給大家的技巧，是資料分析專家；也就是資料科學家經常使用的方法。如以下兩點：

- **尋找「趨勢」和「異常」。**
- **為此，必須先將資料視覺化。**

我們的目標不是成為資料分析的專家，不需要取得跟他們一樣的能力。

但是，如果他們使用的資料分析方法，連外行人的我們也做得到，而且對商業決策或工作很有幫助的話，你一定很想偷學起來，不是嗎？讓我們來看看這兩個方法。

依據事實來思考時，你一定是以呈現結果的數字或數據爲基礎，而**解讀數字的行為，正是想辦法從那些數字找出一些線索**。

那麼，專家在那樣的情況，尋找著什麼樣的線索呢？**他們是在尋找「趨勢」和「異常」**。

「趨勢」應該不需要特別說明吧。

- 銷售總額增加（減少）。
- 年資愈長，加班時間愈長。
- 女性員工離職率比男性員工高。

這些線索都是「趨勢」，能夠提供我們重要的啓示。

接著，讓我們來看「異常」。

異常，換句話說就是「極端值」或「離群值」，指的是跟其他數字的大小或特徵相比，有明顯差異的數值。

● 全球老年人口比例變化

1. 歐美

(%)

	1950	1955	1960	1965	1970	1975	1980	1985	1990	1995	2000	2005	2010	2015	2020	2025	2030	2035	2040	2045	2050	2055	2060
日本	4.9	5.3	5.7	6.3	7.1	7.9	9.1	10.3	12.1	14.6	17.4	20.2	23	26.6	28.9	30	31.2	32.8	35.3	36.8	37.7	38	38.1
瑞典	10.2	10.9	11.8	12.7	13.7	15.1	16.3	17.3	17.8	17.5	17.3	17.3	18.2	19.6	20.3	21.1	22.1	23.3	24	24.1	24.4	25.2	26.3
德國	9.7	10.6	11.5	12.5	13.6	14.9	15.6	14.6	14.9	15.5	16.5	18.9	20.5	21.1	22.2	24.1	26.8	29.3	30	30.2	30.7	31.4	31.7
法國	11.4	11.5	11.6	12.1	12.8	13.4	13.9	12.7	14	15.1	16	16.5	16.8	18.9	20.7	22.3	23.9	25.2	26.2	26.5	26.7	26.9	26.9
英國	10.8	11.3	11.8	12.2	13	14.1	15	15.2	15.8	15.9	15.9	16	16.6	18.1	19	20.2	22	23.5	24.3	24.8	25.4	26.2	26.7
美國	8.2	8.8	9.1	9.5	10.1	10.7	11.6	12.1	12.6	12.7	12.3	12.3	13	14.6	16.6	18.7	20.4	21.2	21.6	21.8	22.1	22.7	23.6

2. 亞洲

(%)

	1950	1955	1960	1965	1970	1975	1980	1985	1990	1995	2000	2005	2010	2015	2020	2025	2030	2035	2040	2045	2050	2055	2060
日本	4.9	5.3	5.7	6.3	7.1	7.9	9.1	10.3	12.1	14.6	17.4	20.2	23	26.6	28.9	30	31.2	32.8	35.3	36.8	37.7	38	38.1
韓國	2.9	3.3	3.4	3.5	3.5	3.8	4.1	4.5	5.2	6	7.2	8.9	10.7	13	15.7	19.9	23.9	27.7	31.1	33.4	35.3	35.9	37.1
中國	4.4	4.1	3.7	3.4	3.8	4.1	4.7	5.3	5.7	6.2	6.9	7.7	8.4	9.7	12.2	14.2	17.1	20.9	23.8	25	26.3	29.4	30.5
印度	3.1	3.2	3.1	3.2	3.3	3.5	3.6	3.7	3.8	4.1	4.4	4.8	5.1	5.6	6.6	7.5	8.5	9.5	10.6	11.9	13.4	15.1	16.7
印尼	4	3.8	3.6	3.3	3.3	3.5	3.6	3.6	3.8	4.2	4.7	4.8	4.8	5.1	5.8	6.9	8.3	9.7	11.1	12.5	13.8	14.8	15.7
菲律賓	3.6	3.3	3.1	3	3	3.1	3.2	3.2	3.1	3.1	3.3	3.5	4.1	4.6	5.2	5.9	6.7	7.6	8.3	9.1	9.8	10.8	12.1
新加坡	2.4	2.2	2	2.6	3.3	4.1	4.7	5.3	5.6	6.4	7.3	8.2	9	11.7	15	19.2	23.2	26.6	29.7	32	33.6	34.5	35.8
泰國	3.2	3.3	3.3	3.4	3.5	3.6	3.7	4	4.5	5.5	6.5	7.8	8.9	10.6	12.9	16	19.4	22.8	25.8	27.9	29	29.5	30.6

資料來源：
UN, World Population Prospect: The 2017 Revision。
2015年以前的數據來自日本總務省的「國勢調查」。
2020年之後的數據，則是依據國立社會安全與人口問題研究所「日本未來人口推算」當中的出生中位數、死亡中位數，假定數據，推算所得之結果。

要掌握數據中是否存在「異常」，是因爲「異常」會嚴重影響到你導出來的結論。

上述的講解有點抽象，因此我們來舉例說明。

上面的表格是書中多次使用的例子，有關日本老年人的數據。

首先，我們的第一個工作是確認「歐美各國跟日本有無差異」。

這裡分析的對象只有「世界老年人口比例變化」的數

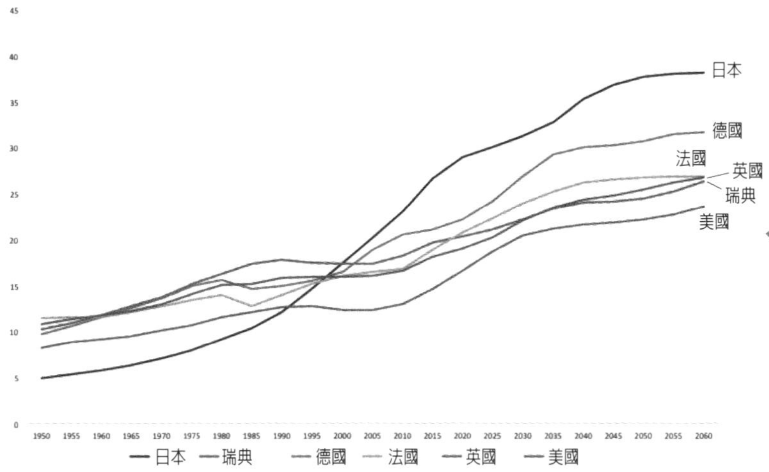

歐美各國與日本的老年人口比例變化（橫軸：年／縱軸：老年人口比率〔%〕）

據，但密密麻麻的數字讀起來非常辛苦，其實有更簡單的方法可以抓出趨勢。

那就是把數字**「圖表化」**。

不必仔細閱讀每一個數字，只要使用類似上方的一張圖表，就可以讓人一目了然。

各國皆有增加的趨勢，而日本上升的趨勢更是顯著，看一眼就明白了。

接著，我們的下一個工作是確認「老年人口的變化是否有區域性差異」。

這裡使用「各都道府縣的老年人口數」的數據。從兩種數字計算出所有都道府縣六十五歲以上人口的比例，然後以此數據爲縱軸，各都道府縣人口數的數據爲橫軸，就可以繪製出下一頁的圖。

從圖表中可以看出來有一個很明顯的「異常」。有一個地方的人口非常多，而老年人口比例低。大家應該已經猜到了，這是東京都的數據。

換句話說，從區域性差異的角度切入，討論日本高齡化社會的議題時，應該要把「東京都」這個極爲特殊的數據列爲例外。

因爲跟東京都這個「離群值」比較，並沒有太大的意義。

這就是掌握「異常」的目的所在。

因此，資料分析的基本在於找出「趨勢」和「異常」，**技巧就是將資料視覺化**，透過視覺找出其中的「趨勢」和「異常」。

本書開頭介紹的資料分析專家漢斯．羅斯林，他還有另一句話讓我印象深刻：「**資料分析的第一步，是必須可以用眼睛觀察。**」這正是本書想要說明的內容，也是任何人都做得到的、最基本的概念。請務必試試看。

● 各都道府縣的老年人口數

	總人口（千人）	65歲以上人口（千人）
北海道	5,320	1,632
青森縣	1,278	407
岩手縣	1,255	400
宮城縣	2,323	631
秋田縣	996	354
山形縣	1,102	355
福島縣	1,882	569
茨城縣	2,892	819
栃木縣	1,957	536
群馬縣	1,960	567
埼玉縣	7,310	1,900
千葉縣	6,246	1,692
東京都	13,724	3,160
神奈川縣	9,159	2,274
新潟縣	2,267	709
富山縣	1,056	334
石川縣	1,147	331
福井縣	779	232
山梨縣	823	245
長野縣	2,076	647
岐阜縣	2,008	589
静岡縣	3,675	1,069
愛知縣	7,525	1,852
三重縣	1,800	522

	總人口（千人）	65歲以上人口（千人）
滋賀縣	1,413	357
京都府	2,599	743
大阪府	8,823	2,399
兵庫縣	5,503	1,558
奈良縣	1,348	408
和歌山縣	945	304
鳥取縣	565	175
島根縣	685	230
岡山縣	1,907	567
廣島縣	2,829	809
山口縣	1,383	462
德島縣	743	241
香川縣	967	301
愛媛縣	1,364	437
高知縣	714	244
福岡縣	5,107	1,384
佐賀縣	824	240
長崎縣	1,354	424
熊本縣	1,765	531
大分縣	1,152	367
宮崎縣	1,089	338
鹿兒島縣	1,626	501
沖繩縣	1,443	303

資料來源：平成30年（2018年）高齡社會白皮書（完整版）-4 各區域之高齡化

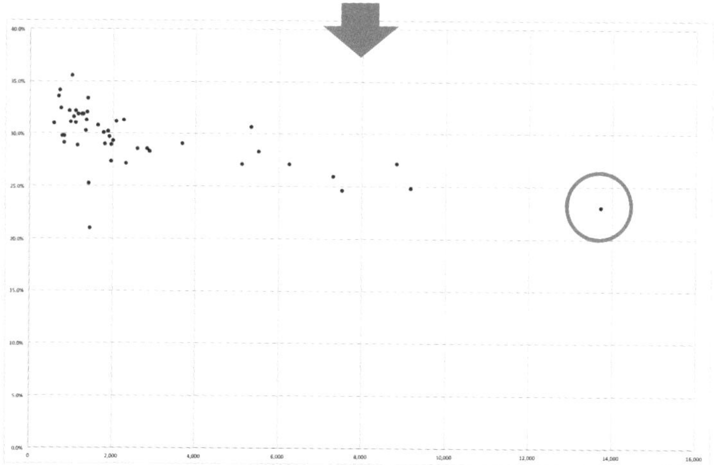

各都道府縣人口與老年人口之關係（橫軸：人口〔人〕／縱軸：老年人口比率〔%〕）

視覺化是你在第三個步驟一定要做的事，這裡再彙整一次在這個步驟分析資料的方法。

- **解讀「%」百分比的技巧。**
- **用乘法分解，用加法分類。**
- **利用視覺化，找出「趨勢」和「異常」。**

這些是我在處理資料時，一定會使用的方法。當你依據事實來思考時，這些方法就夠用了。

若能再實踐步驟一「定義你現在要做什麼」，以及步驟二「找出必要的數據，把剩下的丟掉」，你就不會被數據之海淹沒了。

「對數字敏感，但成果卻差強人意」，這種人欠缺什麼？

為什麼做不到PDCA呢？

前面介紹了「從結果導出原因」的方法。

但我們的工作不是這樣就結束了。發現到可能的原因之後，採取行動來改善，達到目的，這才是真正完成了工作。

也就是說，從數字引導出原因之後，必須進行PDCA的循環。

但這個理所當然的工作，卻經常窒礙難行。

「做不到PDCA循環。」

為了謹慎起見，我先簡單說明什麼是PDCA。它指的是，藉由反覆進行規畫（Plan）、執行（Do）、查核（Check）、行動（Action）四個步驟，持續改善生產管理和品質管理等管理業務的方法。

「來進行PDCA循環吧！」

商務人士應該不會對這句話感到陌生。

這是每個人都知道的重要工作概念。當你參加商務研討會時，有很高的機率會聽到講師提到這個概念；你到書店的財經商管區，馬上就可以看到以PDCA為主題的書籍。

PDCA是個被大家廣泛討論的概念，不太可能會從世界上消失。

無論是今天還是明天，人人都在高呼：「來進行PDCA循環吧！」但究竟是什麼原因讓商務人士做不到這件事呢？

本書接下來將回答大家這個問題，我們先講結論：

「因為覺得很麻煩。」

這看起來不像是商務數學教育家所做的結論，對吧？大家是不是期待有更崇高、讓人佩服的答案呢？不好意思，讓大家失望了。

爲什麼人們做不到「PDCA循環」的原因是「因爲覺得很麻煩」呢？以下就讓我來說明。

比方說，有一家公司會透過網站寄送電子廣告郵件給我。每個月，我一定會收到一、兩封由那家公司寄來的電子廣告郵件，每次都是相同的內容，唯一不一樣的地方是窗口的名字（不然也太讓人想吐槽了）。

如果收件人毫無回應，就改變郵件內容，再聯絡看看，這是連業務外行的我也知道的道理，但是他們卻持續寄送內容相同的電子郵件。究竟是爲什麼？

因爲要一一進行測試、修改內容「很麻煩」。

比方說，像雅虎（Yahoo）這樣的網路媒體有很多文章的連結，使用者會閱讀連結的標題，判斷是否要點進去閱讀那篇文章。

媒體方當然也必須不斷地進行測試，找出可以提高點擊次數的標題呈現方式才行。

前面那家公司，恐怕是覺得這樣的工作很麻煩，所以才不做任何測試，直接套用方程式，「利用這樣的範本幫文章下標題，可以獲得○%以上的點擊率」。

但事情不可能那麼順利，因此必須做好面對「麻煩」的心理準備，不斷嘗試錯誤，才能逐漸提高點擊率。

活躍於網路行銷世界的各位，今天應該也是利用PDCA循環，想辦法找出無正解的答案吧。

「不做」和「做不到」並不一樣

這看起來像是在玩文字遊戲，但這兩種情況真的完全不一樣。

知道必須去做，卻選擇不做的，叫作「不做」。

有做的意願，但是不知道從何下手的，叫作「做不到」。

我能夠幫助的人當然是後者，因爲我只是傳授商業技能和思考方法的專家，而不是激勵沒幹勁的人的專家。

爲了避免誤解，先聲明一下，我並沒有否定「不做」的人的意思。

身爲商務人士，「知道這是應該做的事，卻選擇不做」，也是很好的選擇，這是他的人生態度。

不做PDCA循環
做得到，但覺得麻煩，所以選擇不做
有意識地選擇不做
心理的問題

做不到PDCA循環
想做，但不知道該怎麼做
不知道具體的作法
技能（思考法）的問題

如果你屬於「做不到」的人，也就是「覺得麻煩」並非阻撓你的原因，接下來的內容對你非常重要。

「做不到」的人所忽略的事

我來說明「做不到」的人必須知道的事，舉例說明如下：

下一頁的表格是五月和六月的業績比較。

● 銷售總額

＝（新顧客的營業額）＋（既有顧客的營業額）

＝（N平均單價）×（N來店人數）×（N成交率）＋

（O平均單價）×（O來店人數）×（O成交率）

※「N」為新顧客，「O」為既有顧客

		5月	6月
新客戶	平均單價	15,000	14,500
	來店人數	78	95
	成交率	0.5	0.3
	營業額	585,000	413,250
舊客戶	平均單價	20,000	20,500
	來店人數	21	20
	成交率	0.7	0.8
	營業額	294,000	328,000
	銷售總額	879,000	741,250

六月的銷售總額比五月少，發生了什麼事呢？光看銷售總額的表面數字是看不出端倪的，但如果利用前面的公式，用乘法拆解、加法分類，就可以找到原因。

六月的來店人數增加了，但成交率卻減少了。好不容易可能成爲新顧客的客人上門，卻未能成功簽下合約。

你假設這背後潛在著問題，是必須改善的地方，然後實行了具體的改善對策，接著確認七月的數字，驗證方法是否有效。

這就是使用數字進行PDCA循環的過程。

接下來，我們回到主題，來看看「做不到」PDCA的人必須知道的概念。

此處的重點是，如果要用這種數學式子（文章）呈現銷售總額，就要以掌握這些數字爲前提。

如果無法統計來店人數，就做不到PDCA循環。大家可能會覺得，這不是理所當然的嗎？但出乎意料的，我們很容易忽略這個部分。

對於希望做出成果、想做一點新東西的人來說，從計畫到實行並不困難。但是，如果實行後的結果（事實）沒有留下數字，便無法判斷那個結果是好是壞，有無需要改進的地方。

對我們來說，依據事實來思考時，有無足夠的數據做爲判斷依據很重要。也就是說：

必須建立一個能夠運用數據進行查核（Check）的完善環境。

如果能做到這一點，進行查核（Check）時，就可以用數字呈現既有的事實。

接著必須要做的事，就是解讀那些數據。前面已經提過解讀數據的基本概念，以下再複習一次。

- **解讀「%」百分比的技巧。**
- **用乘法分解，用加法分類。**
- **利用視覺化，找出「趨勢」和「異常」。**

我們先運用乘法拆解、加法分類，最後建立假說：「針對新顧客的服務有待改善」。作法不難，簡單整理流程如下：

首先，用數字蒐齊事實。

↓

接著，解讀數字（運用三個主要的方法）。

↓

最後，建立假說。

我們已經在前面說明了，最初階段有不少陷阱，以及在第二階段可以運用簡單的方法進行分析。最後剩下的工作就是「建立假說」，讓我們繼續深入探討。

無法建立假說的人，只缺乏一個條件

「勇敢選擇的勇氣」能幫你建立假說

「建立假說」是大家在商管類書籍和講座上，經常聽到或看到的一句話，應該都知道其重要性、必要性，但是要做到卻不是那麼容易。

我認爲，**「做不到」PDCA循環的根本原因，在於無法建立假說**。這裡有一道看不見的「高牆」阻礙著我們。

爲什麼我們看不見這道高牆呢？因爲它在人的心中。

讓我來說明這是怎麼回事。

舉例來說，如果把PDCA循環運用在談戀愛會怎麼樣？

假設某位男性喜歡某位女性。

想拉近跟心儀女性之間的距離。

←以「興趣」當作聊天的話題（規畫／**Plan**）。

←試著跟對方聊「興趣」（執行／**Do**）。

←對方沒什麼反應（查核／**Check**）。

←在關係拉近之前，避免聊「興趣」（行動／**Action**）。

←以「工作」當作聊天的話題（規畫／**Plan**）。

試著跟對方聊「工作」（執行／Do）。

在這個過程中，哪個部分屬於建立假說呢？答案是行動（Action）和第二次的「規畫」（Plan）。

因爲對方沒什麼反應，所以建立假設的事實，推測對方可能不太喜歡聊「興趣」。然後建立另一個假設的事實，如果聊「工作」，對方的反應可能會比較好。建立假設的事實，也就是建立假說。

遇到這種情況時，如果男方開始思考「不對，應該不是話題之類的問題，是不是有其他的原因，使我們之間的談話顯得無聊呢？」會怎麼樣呢？

「其他的原因是什麼呢？是場所不恰當嗎？我在路上是不是說了什麼失禮的話？該不會是她在意我有口臭吧？還是說……」

這是不是讓你覺得沒完沒了？思考這類問題，只會讓彼此的對話變得更尷尬且無趣。

男方必須要做的事情，不是在那個當下思考對方沒有反應的原因，而是：**雖然不知道真正的原因是什麼，但是「管他的！」，先假設原因在於「對話的內容」，趕快採取下一個行動**。

如果不那樣做，男方不僅無法打動女方，就連要拉近距離也會很困難。在這段期間，女方很可能就被其他男性捷足先登。這是社會上常見的「失敗」結構。

要建立假說時，就是採取「管他的！先假設一個再說」的態度。

因此，建立假說，需要一點勇氣。

這就跟剛才所舉的新舊顧客營業額的例子一樣。用數字蒐齊事實，解讀數字，到了建立假說的階段，就「管他的！」，用直覺決定一個假說就對了。

如果你在這個時候開始想東想西：

「不對，可能是因為外部環境改變的關係。」
「或是產品線改變的關係。」
「而且競爭對手推出了新的服務。」

那你就什麼也做不了，等於什麼也改善不了，換句話說，就表示衰退。

所以我的結論是：無法建立假說的人所缺乏的，就是「勇敢選擇的勇氣」。

我建議你，拿出一點勇氣，在多個可能的原因裡，選出其中一個，然後把剩下的全部丟掉。

我們經常聽到「意志堅定的人，才能在事業上取得成功」這種頭頭是道的話，但這有可能是眞理。俗話說「病由心生」，克服種種困難的關鍵，就在於你的心。

拋棄「多重因素」的概念

從可能的原因裡，選擇一個實踐可能性較高、能採取改善行動的原因，剩下的全部丟掉。這一點非常重要。

舉前面的例子來說，六月的營業額比五月的低，你將主要的因素限縮在「針對新顧客的服務品質不佳」這個原因。

結果　營業額　五十八萬五千日圓　→　四十一萬三千兩百五十日圓

↑

原因　新顧客的成交率〇・五　→　〇・三

將原因和結果，分別只用一種數字呈現，同時假設兩者之間具有因果關係。

那麼，你接下來必須採取的行動就只有一個，而且可以確實執行。

但我的建議，可能會引來這樣的反駁：

「事情眞的這麼簡單嗎？導致結果的原因，難道不是各種錯綜複雜的因素造成的嗎？先鎖定一個，其他的都丟掉，事情哪有可能那麼簡單。」

我完全可以理解這樣的想法。這是非常精闢的見解，事實可能眞是如此。但我還是建議，「鎖定一個因素，把剩下的全部丟掉」。這並不是意氣用事，我的理由是合乎邏輯的。

假設你在工作上想運用PDCA循環分析某一件事，其結果可能眞的是由各種錯綜複雜的因素所造成的。

但所謂的多重因素，是由哪些錯綜複雜的因素造成的，是什麼樣的結構導致的呢？我們有必要一一抽絲剝繭嗎？

如果一一抽絲剝繭需要耗費三個月，那麼花費三天時間建立假說，並且採取行動得到新的結果，應該能比較快速地找到正確答案吧。

在講求快速的商場，沒有時間讓你慢慢進行分析檢驗。

撇除研究機構或犯罪偵查等特殊情況，「不必一一探究，趕快建立假說，早日採取下一個行動」，才是正確的作法。

那麼要怎樣才能做到呢？

我的答案是，拋棄「多重因素」的想法。

能夠做到「鎖定一個因素，剩下的全部丟掉」的人，就是可以拋棄「多重因素想法」的人。

鎖定一個因素，下次採取的行動也只會有一個。

我們沒辦法同時做多件事，一次只能做一件。

〈BAD〉

原因有好多個，錯綜複雜。

← 下次的行動也變得多且複雜。

← 即便那是正確的解決方法，也無法實際執行。

← 沒有任何變化。

〈GOOD〉

鎖定一個原因。

← 下次的行動只有一個。

← 不知道該行動是否爲正確的解決方法，但可以確實執行。

確實帶來一些變化。

日本企業家稻盛和夫曾這樣說道：

笨蛋會用複雜的方式，思考簡單的事情。
普通人會用複雜的方式，思考複雜的事情。
聰明人會用簡單的方式，思考複雜的事情。

這聽起來有點刺耳，但想必你也認同這個事實吧。

讓複雜的事情真相大白，跟把複雜的事情簡單化，是不一樣的。

「真的有必要讓事情真相大白嗎？」這是個非常重要的問題。請養成不斷自問這個問題的習慣。

「但是，事情真的有這麼簡單嗎？」在培訓課上遇到有人問我這個問題時，我會這樣回答：

「這的確是個複雜的問題。但是用簡單的方式思考複雜的問題，難道不是我們的工作嗎？」

以事實為依據，提升工作能力的十三個問題

在第二章的總結中，我整理了一份很有用的確認清單，能幫助你依據事實來思考，進行PDCA的循環。

回答這些問題的過程，其實就是依據數據事實來思考，並進行PDCA循環。

【以事實為依據，提升工作能力的十三個問題】

1. 你想改善什麼問題？

2. 你有辦法用數字掌握那個問題嗎？

（如果答案爲「否」，請先建立一個能用數字掌握實際情況的環境。）

3. 如果答案為「是」，改善之後的數值（數字A）應該為多少？

4. 數字A應該要達到多少，才可以定義為「成功改善」了？

5. 應該如何解讀數字A比較妥當？

（解讀百分比的方法？用乘法拆解？用加法分類？趨勢和異常？）

6. 想要增加或減少數字A時，增加或減少哪個數字（數字B）的可行性比較高？

（建立假說，鎖定一個變數，如數字B。）

7. 數字B應該要以增加或減少多少為目標？

8. 達成那個目標後，數字A的變化符合你所定義的「改善」嗎？

9. 具體來說，若要增加或減少數字B，該怎麼做？（一定可以執行的作法）

10. 誰去做？什麼時候做？怎麼做？

11. 實行後所獲得的資料（數字C），有辦法保存下來嗎？

12. 你評價數字C了嗎？決定好下一個PDCA循環由誰負責了嗎？

13. 在做這項工作的過程中，你是否有面對「麻煩」也不服輸的強烈意志？

讀到這裡，你應該不會覺得這十三個問題「很麻煩」吧。請務必以你實際的課題爲主題，試試看。

最後我舉個例子給大家參考，如果是公司業務部門的話，可以怎麼運用這十三個問題。

1. 你想改善什麼問題？

↓我想提升公司業務部門的生產力。

2. 你有辦法用數字掌握那個問題嗎？

↓是的。我長期記錄了每一位業務員的業績和工作時間。

3. 如果答案為「是」，改善之後的數值（數字A）應該為多少？

↓將改善後的數值定義爲：（生產力）＝（業務員的業績）÷（工作時

間），若此數值增加，就代表生產力提升了。

4. 數字 A 應該要達到多少，才可以定義為「成功改善」了？

↓只要生產力比現在增加了一〇％即可。

5. 應該如何解讀數字 A 比較妥當？

↓掌握業務部門的整體特質，尤其是生產力好及不好的員工。

6. 想要增加或減少數字 A 時，增加或減少哪個數字（數字 B）的可行性比較高？

↓減少工作時間。

7. 數字 B 應該要以增加或減少多少為目標？

↓以工作時間削減十五％爲目標。

8. 達成那個目標後，數字A的變化符合你所定義的「改善」嗎？

↓是的。生產力比現在增加一〇％是做得到的。

9. 具體來說，若要增加或減少數字B，該怎麼做？（一定可以執行的作法）

↓把拜訪客戶的時間減少二十五％（也就是把原本拜訪客戶一小時的時間，減少為四十五分鐘）。

10. 誰去做？什麼時候做？怎麼做？

↓業務部所有人。從下個月開始，記錄工作的詳細內容和時間，與內部共享。

11. 實行後所獲得的資料（數字C），有辦法保存下來嗎？

↓可以。（改善後的生產力）＝（改善後的業務員業績）÷（改善後的工作時間）。

12. 你評價數字C了嗎？決定好下一個PDCA循環由誰負責了嗎？

↓業務部長一定會定期確認，於每個月的部內會議上共享數字。

13. 做這項工作的過程中，你是否有面對「麻煩」也不服輸的強烈意志？

↓有的。生產力的改善為業務部今年度最重要的目標，也向社長做出了承諾。

很多商務人士可以用數字談結果，卻沒辦法用數字說明原因。因為說不出原因，就沒辦法改善，也就做不出成果。

這個問題相當於一種毛病，而我想毫不保留地把如何尋找出克服那個問題的方法和真正的原因，以及達成改善的工作技巧，傳授給各位。

其實以事實為依據的內容才講到一半。

在接下來的第三章，我將深入介紹數字思考法與數值化技術，幫助各位提升以事實爲依據的工作技巧。

那些方法是現在馬上就可以使用，非常有效的工具，能讓你成爲徹底用數字思考的商務人士。請你一定要繼續看下去。

Chapter 3

這樣做，
幫你塑造用數學思考的大腦

法國料理跟數學
是一樣的。

米其林三星餐廳HAJIME的老闆暨主廚
米田　肇

塑造用數學思考的大腦

要懂一點數學

就像是男女的性別分類，不知爲何日本也存在著文科、理科的分類。這是許多商務人士先入爲主地認爲自己「不擅長數學」的主因。

因爲那會帶來「文科不必學數學」這種不良的定見。

二〇一八年「早稻田大學政治經濟學系入學考試必須選考數學」一事引起了話題，連這種「小事」也會上新聞。

出生在這樣的國家，接受這種教育，有數學過敏症似乎是理所當然。

一直以來，我都會跟「自稱文科生」的人這樣說：

「你不需要精通數學，但最好要懂一點數學。」

舉一個極端的例子，有些人從頂尖大學的數學系畢業，也當不了成功的商務人士；有些人只有國中畢業的學歷，卻能夠精湛地解讀數字、經營公司，對社會做出貢獻。

商務人士不需要具備解數學難題的能力，只要能夠把數學運用到工作上就可以了。

因此本章的目的是幫助你提升工作能力。

以下將介紹的數學手法，無論是從事哪種職業，新進員工還是企業經營者，任何人都可以應用。

即便你覺得自己跟數學不熟，一定也能將這些方法應用在工作上。

從這裡開始，請各位忘掉文科、理科的分類吧。

用數字回答「有多少？」的問題

我們先從「懂一點數學」的定義開始。

所謂「懂一點數學」，指的就是運用數學的手法。

用數字思考，就是運用數學手法來思考；用數字說明，也就是運用數學手法做說明。

讓我舉個具體例子來說明。

假如你身爲商務人士，該如何提升工作生產力呢？

員工平均營業淨利、每單位廣告成本帶來的營收、每小時的生產量，這些全部都是把「得到的報酬」除以「投入的資源」所得到的結果。

這並不是在解數學題目，而是運用除法解決商業問題的手法。簡單來說，這就是所謂的「懂一點數學」。

爲什麼我們要把數學應用到工作上呢？

雖然我心中有各種不同的答案，但本書想先做出一個結論：

把數學應用到工作上，是爲了**用數字回答「有多少？」的問題**。

「效率應該要提升到什麼程度？」
「有多少風險？」
「需要多少預算？」

在商場上，討論「有多少？」的場合意外地多。

如果面對「有多少？」的問題時，你能依據事實來思考，回答出具體的數值，你的工作應該可以進展得很順利。

以下是我爲各位精心挑選了幾個可以應用到工作上的手法。

- **將「可以增加多少？」的問題數值化——幾何平均數**
- **將「有多少價值？」的問題數值化——計算現在和未來的價值**
- **將「可以增加多少？」的問題數值化——AB測試**

- 將「有多少影響？」的問題數值化——敏感度分析
- 將「有多少風險？」的問題數值化——標準差
- 將「有多相關？」的問題數值化——相關係數
- 將「有多必要？」的問題數值化——簡單線性迴歸分析
- 將「有多安全（或危險）？」的問題數值化——損益平衡點分析

如果你讀過跟本書相似的商管書籍，你可能已經知道部分手法。但是請你不要跳過，仔細地看下去。

為什麼那樣的手法是運用了數學呢？為什麼那個方法有效呢？唯有深入理解，你才能讓這些知識成為自己的東西。

取得「烹調」數據的道具

這些用數學思考的方法，就跟做菜一樣。比方說，請你說一道你喜歡的菜，烤魚、烤牛肉、燉肉，都可以。

接著，請想像你做那道菜的樣子。你有沒有做過那道菜、做得好不好吃，都不重要，請試著想像你烹調的樣子。

準備好所需食材，用菜刀切好食材，備料。準備調味料，思考調理順序，使用必要的道具。烤魚需要烤盤，烤牛肉要用烤箱，燉肉則是用壓力鍋。全都安排好之後，就可以開始烹調了。

從這個角度來看，烹調食材的過程是非常有邏輯的。也就是說，用數學思考的方法，跟做菜流程是一樣的東西。

數據　＝　食材

↓

數學工作術　＝　方便的道具（烹調方法）

↓

將「有多少」數值化後的結果　＝　完成烹調的菜餚

本章也可以說是告訴各位怎麼做菜的章節。

讓我們一起學習各種數據和數字的烹調手法，精進手藝，做出好吃的菜。開始吧！

徹底運用「百分比」

將「可以增加多少？」的問題數值化
——幾何平均數

下一頁的資料，是日本二〇〇八年到二〇一七年，少年刑事案件移送法辦人數不同性別的變化。在第二章也有稍微提到，像這樣以事實爲依據進行檢驗，就會發現「少年犯罪愈來愈多」的主張並非正確。

如圖表所示，無論是男性或女性，曲線都逐漸下降趨緩，你覺得二〇一八年的數值應該會是多少呢？

身爲商務人士，不可以隨便拿想到的數字敷衍了事，必須以數學爲依據，導出預測值。

統計特－10　少年刑事案件移送法辦人數按性別分
（平成20～29年／西元2008～2017年）

	20	21	22	23	24	25	26	27	28	29
男性（人）	70,971	71,766	68,665	62,775	53,832	47,084	41,358	33,860	27,609	23,253
女性（人）	19,995	18,516	17,181	14,921	11,616	9,385	7,003	5,061	3,907	3,544

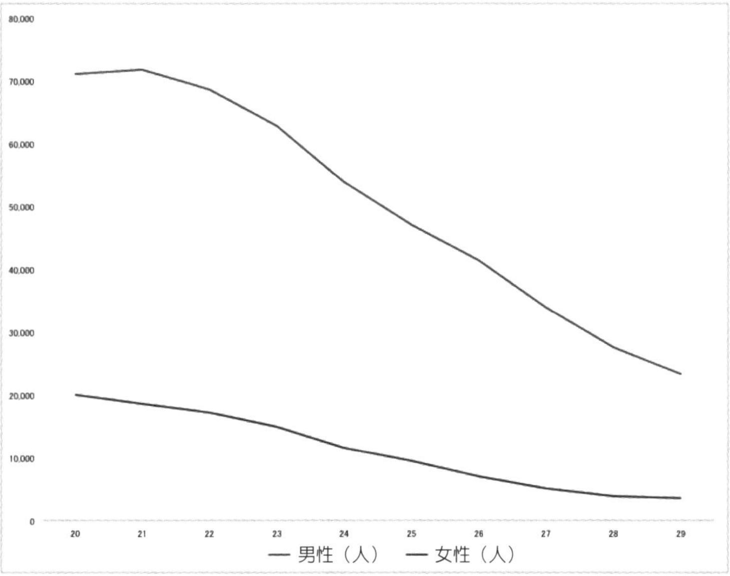

資料來源：平成30年（2018年）警察白皮書　統計資料

烹調這類數據時，可以使用「**幾何平均數**」的概念。

讓我們先來正確地了解什麼是「幾何平均數」。請看以下數字的模式。

1 →（2倍）→ 2 →（4.5倍）→ 9

請留意數字增加的模式。

「一」增加了兩次——「兩倍」和「四．五倍」之後，變成「九」這個數字。請問這個模式的數字平均增加了幾倍？「一」增加了兩次變成「九」，所以平均增加了三倍。不可以將之計算爲兩倍和四．五倍的簡易平均值，也就是（2＋4.5）÷2＝3.25倍。

1 →（3倍）→ 3 →（3倍）→ 9：平均增加三倍

幾何平均數就是平均增加了三倍。再重複一次，區分幾何平均數與簡易平均值的計算方式如下：

步驟一：2×4.5＝9

步驟二：什麼數字的二次方會是九？三的二次方等於九，所以答案是「三」。

若使用試算表的函數計算，可以利用「數學與三角函數」中的PRODUCT和POWER這兩個函數。

步驟一：＝PRODUCT（2,4.5）→9

步驟二：＝POWER（9,1/2）→3

PRODUCT是單純將指定的數值或指定範圍內所有資料相乘的函數。

POWER是計算數值次方值的函數，比方說，如果想計算「十」的二次方，輸入POWER（10,2），馬上就可以得到「一〇〇」的結果。

以上爲幾何平均數的思考方式和運算方法。我們把這個方法運用在剛才的統計資料上看看。

首先，按性別分，從十年份的資料計算出九個與去年同期相比的比值。

接著，將這九個比值全部相乘（步驟一）。

然後，求自乘九次後可得到步驟一計算結果的值（步驟二）。數值的計算過程如下：

男性

步驟一：=PRODUCT（C10:K10）→ 0.3276640867

步驟二：=POWER（0.3276640867,1/9）→ 0.8833958822 ≒ 0.88

在這十年間，日本男性少年的平均犯罪成長率約為八十八%。

用有根據的方式推算預測值
（案例）少年刑事案件移送法辦人數的變化

	A	B	C	D	E	F	G	H	I	J	K	L
1												
2												
3	統計特－10 少年刑事案件移送法辦人數按性別分（平成20～29年／西元2008～2017年）											
4												
5		20	21	22	23	24	25	26	27	28	29	
6	男性（人）	70, 971	71, 766	68, 665	62, 775	53, 832	47, 084	41, 358	33, 860	27, 609	23, 253	
7	女性（人）	19, 995	18, 516	17, 181	14, 921	11, 616	9, 385	7, 003	5, 061	3, 907	3, 544	
8												

計算出與去年同期相比的比值

去年同期相比＝今年的人數 ÷ 去年的人數

案例：平成**21**年男性移送法辦人數，
與去年同期相比的比值
71,766÷70,971 ＝ 1.0112

	A	B	C	D	E	F	G	H	I	J	K	L
1												
2												
3	統計特－10 少年刑事案件移送法辦人數按性別分（平成20～29年／西元2008～2017年）											
4												
5		20	21	22	23	24	25	26	27	28	29	
6	男性（人）	70, 971	71, 766	68, 665	62, 775	53, 832	47, 084	41, 358	33, 860	27, 609	23, 253	
7	女性（人）	19, 995	18, 516	17, 181	14, 921	11, 616	9, 385	7, 003	5, 061	3, 907	3, 544	
8												
9		20	21	22	23	24	25	26	27	28	29	
10	男性 與去年同期相比		1.01120	0.95679	0.91422	0.85754	0.87465	0.87839	0.81870	0.81539	0.84223	
11	女性 與去年同期相比		0.92603	0.92790	0.86846	0.77850	0.80794	0.74619	0.72269	0.77198	0.90709	
12												

求男性移送法辦人數的預測值

步驟一：將九個比值全部相乘

輸入函數＝PRODUCT（C10:K10）→ 0.327640867

步驟二：求自乘九次後可得到步驟一計算結果的值

輸入函數＝POWER（0.327640867,1/9）→
0.883395822≒0.88

在這十年間，日本男性少年的平均犯罪成長率約為88%。

女性

步驟一：＝PRODUCT（C11:K11）→0.177244311

步驟二：＝POWER（0.177244311,1/9）→0.825102749≒0.83

在這十年間，日本女性少年的平均犯罪成長率約為八十三%。

利用這個結果，可以計算出二〇一八年的預測值。

二〇一七年的數值×平均成長率（幾何平均）＝二〇一八年的預測值

男性　23,253×0.88≒20,463（人）

女性　3,544×0.83≒2,942（人）

當然，我們不知道實際上會有多少人，但是從過去的實際數字和趨勢，能有依據地推算出預測值，將「下降了多少？」的問題數值化。

這個運用「比率」的方法，你一定要學起來。

最後總結一下，什麼時候使用這個烹調數字的方法效果最好。

手上有的食材（事實）：時間序列資料。

想端出什麼菜：趨勢預測值。

烹調時的必要條件：時間序列的資料有顯著上升或下降的趨勢。

烹調方法：幾何平均數。

將「有多少價值？」的問題數值化——計算現在和未來的價值

之前某位女性朋友說：「穿西裝的男性增加了兩成。」男性穿上西裝後看起來會比較帥，所以看到穿西裝的男性時，必須針對穿西裝的部分打折扣後再對他進行評價。這應該是每位女性都同意的「事實」。

爲了正確評價，有很多思考時必須打折扣的情況。

比方說，錢。現在的一百萬跟一年後的一百萬，價值同等嗎？經濟或財務金融，以及我的專業商務數學等領域，都一定會介紹到現值和未來值（又稱爲終值）的概念。

假設年利率爲五％，現在的一百萬在一年後就會變成一百零五萬。一百零五萬是由「（現在的價值）×1.05＝（未來的價值）」這個簡單的式子計算而來的。

如果反過來看，一年後的一百萬，折算成現在的價值，會是多少呢？

（未來的價值）÷1.05＝（現在的價值），因此答案是100÷1.05≒95.24萬。

也就是說，進行評價時，未來的價值必須扣去五％，才能折算出現在的價值。這就跟剛才男性穿西裝的例子，扣除穿西裝的部分後再進行評價，是同樣的概念。

接著，讓我們來看看商業上的例子。

假設你所在公司的業績，與去年同期相比成長了一．五倍（A式）。

此外，那家公司的主要市場也跟著成長，市場規模擴大了兩倍，應該如何評價比較妥當？如果市場規模成長了兩倍，照理說公司的營業額應該也要成長兩倍（B式）。

A式　**（去年的營業額）＝（今年的營業額）÷1.5**

B式　**（今年的營業額）＝（去年的營業額）×（業務拓展）×（市場成長）**

＝（去年的營業額）×（業務拓展）×2

從兩個式子可以得到：

（今年的營業額）＝（今年的營業額）÷1.5×（業務拓展）×2

（業務拓展）＝1.5÷2

＝0.75

也就是說，扣除市場成長了兩倍的因素之後，這家公司的業績可能是減少了二十五％。因爲市場成長，乍看之下業績好像成長了。

「嗯？這好像在書中的哪個地方看過」，有這種感覺的讀者，表示你看得很仔細。

第二章介紹的練習題（見p.84）就是這個概念。我會再次使用相似的（或是說一模一樣）的例子，就表示這個分析資料的方法相當重要。

最後，讓我們一起看看這個方法的應用案例。

Q：你的公司打算聘用一位社會新鮮人。這麼做能帶來多少價值？聘請一位新人，對公司來說真的有效益嗎？

關於「有多少？」的問題，最好用數值回答，因此我們試著把聘請一位新人的效益，換算成金額。比方說，有以下條件做爲事實。

- **假設一：工作三年後就離職（公司當然是希望他做愈久愈好）。**
- **假設二：這位社會新鮮人在入職後的第一年，能夠為公司帶來的利益為一百萬。**
- **假設三：進公司後，他可創造的價值每年增加二〇%。**

接著，我們運用這些條件來推估未來價值，計算方式如下：

進公司第一年創造的價值：100萬

進公司第二年創造的價值：100×1.2＝120萬

進公司第三年創造的價值：100×1.2×1.2＝144萬

離職前可創造的價值總計：100＋120＋144＝364萬

由此就可以推算出來，聘請一位社會新鮮人，今後三年可得到三百六十四萬的利益。

但是，我們也必須計算這名新人工作三年可能產生的成本，包括三年份的薪水，以及其他各項費用，同時也要考量招募活動所需的費用，以掌握整體成本。以這些爲依據，才能針對「聘請一名社會新鮮人，是否眞的符合經濟效益」進行判斷。

如果判斷的結果是不划算，就必須強化公司的體質和教育訓練，讓新人可以工作到特定的年份。利用上述分析，也可以做出放棄錄用社會新鮮人，聘請有工作經驗的人比較符合經濟效益的判斷。

負責人事招募的人，不僅可以用這個分析手法，向上級說明人力資源策略，也能利用這個邏輯，向錄用者或新進員工說明「馬上辭職會發生什麼事」。

跟前一個分析手法相同，這個方法只是運用了數學「比率」的概念。請多運用「比率」的概念，讓自己成爲駕馭數字的商務人士吧。

手上有的食材（事實）：過去或未來的數字。

想端出什麼菜：將價值數值化。

烹調時的必要條件：必須掌握折扣率。

烹調方法：計算現值或未來值。

從「觀點」找出答案

將「可以增加多少？」的問題數值化——AB測試

我把「觀點」理解為「看待事物的方式」，這應該跟你的認知很接近吧。

那麼，什麼是數學的觀點呢？

當然就是「用數學看待事物的方式」。

接下來將為大家介紹我精選的兩個數學觀點。你不需要把數學學好，但是要有數學觀念，請抱持這樣的想法繼續閱讀下去。

首先是第一個數學觀念。

你知道什麼是「AB測試」嗎？這是行銷等領域經常使用的概念。

這是一種市場測試，把相同內容，但不同呈現方式的AB兩種網頁設計，拿去給顧客使用，比較顧客的反應。

假設你要在網路商店購買護膚產品，在網頁的最下方有一個按鈕寫著「購買請由此點入」。這個按鈕是什麼顏色？文字的字體大嗎？還是小呢？十分鐘過後，你再進入這個網站時，按鈕上的文字搞不好變成了「展現你理想的膚質！」。

經營網路商城的人可能會準備多種按鈕，而不是把賭注都放在一種設計上。他們將顧客的反應數值化，利用這些數據來改善網頁的設計。

因爲「既然不可能馬上找到正確的解答，就老實地請顧客回答」。

我們繼續討論下去。

假設這個販售商品的網頁，一個月曝光一萬五千次，此商品實際的「賞味期限」也是一個月。在這一個月當中，必須讓更多顧客按下購買按鈕，因此公司準備了兩種不同樣式的AB按鈕。

A「購買請由此點入！」

先曝光一百次，結果點擊次數為八次。

B「展現你理想的膚質！」

先曝光一百次，結果點擊次數為十五次。

顧客告訴了我們，哪種按鈕的樣式比較適合拿去做廣告。

答案是B。

所以接下來只要顯示B按鈕，便可以最大化點擊次數。

剩下的曝光次數爲一萬四千八百次，若點擊率十五％，便可獲得兩千二百二十次的點擊。總計最後可得兩千二百四十三次的點擊。

	曝光次數	點擊次數	點擊率
A	100	8	8.00%
B	100	15	15.00%
	↓	↓	
A	0	0	-
B	14800	2220	15.00%
	15000	2243	14.95%

假如一開始進行AB測試時，曝光次數是個別設定兩百次的話，會怎樣呢？會比剛才的最終結果「兩千二百四十三次」的點擊次數多還是少呢？如果曝光次數增加到各三百次呢？

答案是「會減少」。以下僅列出計算結果。

當AB測試曝光次數爲各兩百次時：

可獲得的總點擊次數為兩千二百三十六，點擊率為十四．九一%。

當AB測試曝光次數爲各三百次時：

可獲得的總點擊次數為兩千二百二十九，點擊率為十四．八六%。

也就是說，花費在ＡＢ測試上的曝光次數愈多，最後可獲得的點擊率會減少。由此，各位應該可以了解，運用少量的資源進行測試並馬上判斷的重要性。

但大家應該會有疑問，要使用多少的資源（時間或成本）去做ＡＢ測試呢？嚴格來說，沒有正確的答案或規則。

就我個人的想法是，使用一％到二％左右的資源進行ＡＢ測試，然後馬上以測試結果做判斷就可以了。

以這個例子來看，一萬五千次的曝光次數當中，使用在ＡＢ測試的次數爲兩百，大概占了一．三％。

我再舉一個例子。比方說，像本書的這種商業管理書籍，上架鋪貨的書店減少，圖書種類卻是增加的。假設書的「賞味期限」是一年，但現實狀況是書店將書上架一週（七天）後，就會判斷書好不好賣。

很殘酷的，沒什麼人買的書就會被退貨，七天大概占了三百六十五天的二%。我們可以說，書店利用二%的資源做ＡＢ測試進行判斷。

換句話說，現代商場的判斷速度就是這麼快。ＡＢ測試花費一%到二%的資源就好，這個提案是有道理的。

另外，有一點必須注意的是，一定會出現「測試期間是不是長一點比較好」這類意見或反駁。

我們可以理解這樣的想法，但是請清楚地向他們說明：數字已經明白地告訴我們，測試時間愈長，最後得到的結果就愈少。

ＡＢ測試還有一個很重要的地方，那就是能夠以數字爲依據，說明「未來會增加多少」。

如果是網路販售，對於「最終可以獲得多少點擊次數」的問題，沒有人知道答案，但是你有辦法說明。

如果是販售書籍，你能夠預測「最終可以賣出多少本」。對商務人士來說，能夠運用ＡＢ測試，利用數字預測未來（未知事物）這一點，比起理論本身重要得多了。

如果要把ＡＢ測試的觀點應用到工作上，可以按照下列的順序來思考。

想用數字說明「最終可以獲得多少」的問題是什麼？

↓

實行什麼樣的AB測試最有效呢？

↓

跟這項工作有關的人，願意用一%到二%的資源進行判斷嗎？

如果以上條件全都符合的話，請務必試試ＡＢ測試。

把數學觀點應用到工作上，就是我想傳達給各位的概念。最後總結如下：

手上有的食材（事實）：投入資源的總量（數字）。
想端出什麼菜：最終可以獲得多少數值。
烹調時的必要條件：花費一%到二%的資源進行測試。
烹調方法：AB測試。

將「有多少影響？」的問題數值化
——敏感度分析

對你任職的公司來說，請問以下哪個狀況帶來的影響可能比較大？

- 大砍人事費用。
- 大砍廣告宣傳費用。

你會怎麼回答呢？

如果你有辦法用數字回答這樣的問題，也就是可以將「有多少影響？」的問題數值化，你就具有能跟經營高層平起平坐對話的能力

因爲經營高層腦中思考的都是這種問題。

以下我準備了四頁左右的小故事，幫助各位了解如何運用這個手法。

這不是什麼戲劇性的故事，或許在你任職的公司裡也有類似的故事，但請務必讀到最後。

項目	金額
營業額	100,000
銷貨成本	36,000
手續費	7,000
其他費用	1,000
變動成本合計	44,000
董事報酬	14,000
薪資與各項津貼	24,000
宣傳廣告費用	5,500
差旅費	1,500
郵電費與水電費	2,000
折舊成本	2,000
租金費用	1,000
外包費	500
其他費用	3,000
固定費用合計	53,500
營業利益	2,500

（單位：千日圓）

深澤設計公司創業第五年，去年的淨利爲兩百五十萬日圓。

這幾年業績漸漸下滑，這樣下去恐怕會變成赤字，公司內部已經有共識，差不多是該大刀闊斧改革的時候了。

公司內部分爲兩派，一派的看法是「一定要砍人事費用」，另一派則認爲「花錢下廣告的成效不佳，應盡早調整」。

但這兩派的主張，都未舉出具體的數字。

這時，深澤社長表示：

「削減以生產產品的成本爲主的變動費用，根本是不可能的，因此只能削減固定費用。各位主張應該削減的費用，如果砍掉兩成，會對公司帶來多少影響呢？大概的數字也無妨，請大家試算一下，我將依據那個數字做出判斷。」

管理層馬上展開討論。社長「給個大概數字也無妨」的要求，讓平常未涉足經營的他們鬆了一口氣。

他們提出了以下的回答。

如果砍掉二〇%的人事費用（含董事報酬），然後把勸說員工自願離職、員工士氣低落、加班時間縮短等因素納入考量，試算的結果是營業額會減少一〇%。再加上把公司內部做不完的工作外發出去，業務外包費用預計將成長爲現在的三倍。這裡特別考量了人資長的意見。

另外，砍掉二〇%廣告宣傳費用時，受到影響的是某個特定產品，而且此產品的利益率低，主要產品的宣傳成本已經壓到最低。試算的結果顯示，砍掉此費用對銷售總額幾乎沒有影響，可以維持現狀。這裡特別考量了行銷長的意見。

廣告費用砍掉二〇% → 利益增加一一〇萬
人事費用砍掉二〇% → 利益增加二〇萬

依據試算的結果，深澤社長下令，下一個年度的計畫，必須刪減行銷部門的預算，力求效率化及提升行銷的精準度。接著，要求全體社員提升與行銷部門之間的溝通頻率。

人事費用砍掉20%時

項目	金額
營業額	90,000
銷貨成本	32,400
手續費	7,000
其他費用	1,000
變動成本合計	40,400
董事報酬	11,200
薪資與各項津貼	19,200
宣傳廣告費用	5,500
差旅費	1,500
郵電費與水電費	2,000
折舊成本	2,000
租金費用	1,000
外包費	1,500
其他費用	3,000
固定費用合計	46,900
營業利益	2,700

（單位：千日圓）

廣告費用砍掉20%時

項目	金額
營業額	100,000
銷貨成本	36,000
手續費	7,000
其他費用	1,000
變動成本合計	44,000
董事報酬	14,000
薪資與各項津貼	24,000
宣傳廣告費用	4,400
差旅費	1,500
郵電費與水電費	2,000
折舊成本	2,000
租金費用	1,000
外包費	500
其他費用	3,000
固定費用合計	52,400
營業利益	3,600

（單位：千日圓）

- 營業額減少，銷貨成本也因此產生變化（銷貨成本率36%）。
- 董事報酬減少兩成。
- 人事費用的刪減使得人力減少，業務外包費用推估會成長為現在的三倍。
- 斜線區塊為數字發生變化的項目。

社長向員工發表了這樣的訊息：「員工是我們公司的資產，停止投資人才，就是停止成長。對公司而言，人才的損失帶來的打擊比較大。全體員工都必須具備行銷觀點。而且行銷不是花錢就好，必須運用智慧。」故事結束。

※此故事純屬虛構。

你覺得怎麼樣？這個故事在哪裡都可能發生，而且一點也不複雜。

簡單來說，不是因爲金額比較大，就去砍人事費用，而是要思考刪減費用帶來的影響。而且從數值也可以說明，人事費用砍掉之後，帶來的影響比較大。

人事費用和利潤，以及廣告費用和利潤，眞的相關嗎？如果想用數字進行分析的話，該怎麼做呢？此時可以用函數來分析。這裡所指的數學觀點，正是各位在學生時期所學的「函數」。

而且是**以「敏感度分析」的分析手法為基礎**。

比方說，食指被打到沒那麼痛，但如果是小腳趾被撞到，就會痛到眼淚都要流出來了。換言之，我們可以說，小腳趾的敏感度較高，比身體撞到時感覺到的痛楚更大。

把廣告費用和人事費用，換成食指和小腳趾，應該可以理解「敏感度分析」是什麼意思了。

這裡有一點必須注意，就是**一定要使用（或是推測）有相關的數字分析**。

例如，在深澤設計公司的例子裡，「員工每個月的平均零用金」根本不適合拿來做敏感度分析。
「增加提供給員工的零用金，公司的業績也會跟著提升」，這樣的邏輯實在太過跳躍。
重點是，必須利用彼此有直接關係、可能帶來影響的數字來分析。

手上有的食材（事實）：想調整的數值A，以及與其相關的數值B。
想端出什麼菜：B的變化會對A造成多大的影響？
烹調時的必要條件：B的變化會對A帶來影響。
烹調方法：敏感度分析

熟稔「統計分析的手法」

將「有多少風險？」的問題數值化
——標準差

你知道幾個可以應用在商業上的統計分析方法呢？

幾年前，掀起了「統計熱潮」，進入大數據時代。「商務人士的數據素養極爲重要」、「統計分析能夠降低錯誤發生的機率」等說法十分盛行。

許多對這方面意識較高的商務人士，都努力想透過書籍或講座來學習統計。

但是，有多少人眞的把統計分析運用在工作上呢？學了，但沒有運用，就沒有意義了。

我認爲，一般商務人士中，熟稔跟工作相關的統計分析的人只占少數。

知道某道菜的食譜，但是不動手做，一點意義也沒有。在這裡，我挑選了兩個「一定要知道」的統計概念。

首先說明**「標準差」**這個概念。

「標準差」是我在過去的著作以及商業類講座中，經常介紹的一個概念。雖然我經常提到，但因爲它實在太重要了，本書不能不談。

對商務人士而言，「標準差」是非常強而有力的工具。爲什麼它這麼實用呢？答案是：

因為標準差可以「將風險數值化」。

一般來說，沒有零風險的生意。

應該沒有人會相信「這件事零風險而且可以賺大錢喔！」這種話吧。你手上的案子，肯定多少也背負著風險。

談到風險時，你或是對方一定會想知道「風險有多大」。所以，你只要知道如何從過去的事實，將未來的風險數值化，生意便能一帆風順。

我們先重新定義一下什麼是「標準差」。

〈定義〉

標準差：利用試算表中「其他函數／統計」的STDEVP進行運算，可以將某一群數據的分布狀況數值化，也就是能算出偏離平均值的程度。

〈案例〉

兩位考生X和Y參加數學模擬考，模擬考分爲ABC三種，兩位考生的分數如下一頁表格所示，平均分數皆爲六十分。

考生X

A	B	C
30	90	60

平均分數60分

考生Y

A	B	C
60	70	50

平均分數60分

這時候，依據下列的步驟，可以將數值與平均值的分散程度數值化。

步驟一：計算各數據與平均值的距離。

步驟二：計算各距離的二次方。

步驟三：將計算出來的三個值相加。

步驟四：計算出平均值（此例為除以三）。

步驟五：求平方根（求步驟四數值的平方根）。

在此例中，考生X的標準差，也就是分數與平均得分的分散程度爲二四．四九。

利用試算表的函數STDEVP，輸入這三筆數據，也可以得到相同的數值。請務必試試。

在這樣的理論下，平均分數同樣是六十分，但評價可能不同。模擬考的成績不穩定，或是各科分數都差不多但成績穩定，一般會認爲前者的風險比較高。

在此例，會認爲考生X比考生Y還要「危險」，把數學列入選考科目的風險比較高。讓我們來比較他們的標準差。

考生X：標準差約為二十四。

考生Y：標準差約為八。

雖然只是數學模擬考，但是把數學列爲選考科目的風險，兩者差了三倍。如果考生X想把數學列爲選考科目，就必須決定標準差減少到何種程度，才可以把數學列入。

考生 X

		A	B	C	平均分數
		30	90	60	60
STEP 1	與平均值的距離	-30	30	0	
STEP 2	二次方	900	900	0	
STEP 3	合計	1800			
STEP 4	平均值	600			
STEP 5	求平方根	24.49489743			

考生 Y

		A	B	C	平均分數
		60	70	50	60
STEP 1	與平均值的距離	0	10	-10	
STEP 2	二次方	0	100	100	
STEP 3	合計	200			
STEP 4	平均值	66.66666667			
STEP 5	求平方根	8.164965809			

這沒有一定的標準，如果是我的話，可能會多參加幾次模擬考，當成績符合以下條件時，才會把數學列爲選考科目。

- **再參加三次不同的模擬考（利用相同的方式評估模擬考的成績）。**
- **得分的平均為七十分以上（成績要比現在好）。**
- **標準差必須低於十（風險比現在小）。**

同時，我也決定好，只要成績不符合其中一個條件，就把數學從選考科目中剔除。

本書讀者可能會懷疑這可以應用到工作上嗎？是的，眞的可以。

比方說，有兩家工廠X和Y，每個月都會蒐集瑕疵品發生的數據，並計算其平均值和標準差。

即便兩者的平均值幾乎相同，但標準差較小的工廠，應該可以獲得「製程較穩定」的評價。

換言之，標準差較大，代表著機械可能不時發生故障，或是作業員的工作表現有落差。

標準差大的工廠感覺「很危險」，也就是說，有較高的風險會產生大量的瑕疵品。

此外，假設那種「危險」的工廠變得比較穩定了，該怎麼說明呢？利用標準差就可以解決這類問題。

- **找出造成產品瑕疵的原因，並加以改善。完成改善後，讓工廠運作○個月。**
- **瑕疵品的平均值減少了（瑕疵品的數量比現在少）。**
- **標準差降低（風險比現在低）。**

當工廠符合這三個條件時，就表示「穩定性提升」了。

工廠建立了明確的數字來定義「何謂改善」，只要有一個條件不符合，就不能說製程獲得了改善。

你是不是想到了在工作上可以將風險數值化的情況呢？這個方法只要用試算表，就可以輕鬆將數據數值化。

拙作《所有老闆都看重！上班族必備的工作數字力》（商周出版）當中，也介紹了其他標準差的應用方法，歡迎大家參考。

手上有的食材（事實）：數據有增減的變化。

想端出什麼菜：風險的數值化。

烹調時的必要條件：能夠運用試算表。

烹調方法：標準差（函數STDEVP）。

將「有多相關？」的問題數值化
——相關係數

接下來我要說明的是「相關係數」。我在其他著作中介紹過好幾次，前來參加「用數學思考」講座的學員，也一定會學到這個概念。

這個概念非常實用，本書不能不談。爲什麼它這麼實用呢？答案是：

相關係數可以將「有多相關？」的問題數值化。

大家都知道什麼是「有密切的關係」。比方說，小時候，我跟朋友之間的「感情很好」，但「感情很好」、「感情不錯」、「感情不太好」的概念，其實是非常曖昧的。

私人關係不需要想這麼多，但是曖昧在商場上是行不通的。

「廣告費用」和「營業額」之間的相關性有多強？

「氣溫」和「來店人數」之間的相關性有多強？

「年資」和「業績」之間的相關性有多強？

掌握兩個數字的增減、兩者的相關性有多強，對商業經營非常有幫助。

比方說，第一項的「廣告費用」和「營業額」。如果兩者的相關性高，我們應該可以主張：增加「廣告費用」，對提升「營業額」很有效果。

「氣溫」和「來店人數」這一項也是，假設公司的生意會受到氣溫的影響，氣溫愈低，來店人數就愈多，那麼「氣溫」這個數據，就可以用來預測來店人數的變化。

但是，「年資」愈長，「業績」未必愈好。假如年資愈長，業績愈差，該如何重新教育公司裡的「老屁股」，反而成了經營的重要課題。

前面介紹的各種分析手法，可以應用到任何情況。

而且它跟剛才提到的「標準差」一樣，只要用試算表就可以輕鬆完成，請大家一定要學起來。

我們先重新定義一下什麼是「相關係數」。

〔定義〕

- 「有相關」指的是，兩個數據的增減有相似的趨勢。
- 相關係數：表示兩個數據相關程度高低的數值。
- 運用試算表，利用「其他函數/統計」中求相關係數的函數CORREL（陣列一，陣列二）來計算。

〔特徵〕

- 相關係數在-1和1之間。
- 數值愈接近1，正相關愈顯著。
- 數值愈接近-1，負相關愈顯著。

〔案例〕

這裡使用某家升學補習班舉辦的模擬考，三個科目（國文、數學、英文）平均分數的數據，計算出相關係數。

國文和數學的相關係數約爲0.8，我們可以說兩者爲正相關。

另一方面，國文和英文的相關係數約爲-0.7，我們可以說兩者爲負相關。

國文和數學其實都是在測驗邏輯思考能力。從這個角度來看，擅長國文的學生對數學也很在行的傾向，一點也不奇怪。

相反的情況是，很多學生把英文當作是「死背科目」，出現國文很好，英文卻很差的現象，這也不令人意外。

這裡補充說明一下。相關係數的計算，必須運用極爲複雜的數學理論，想知道詳細理論說明的人，請參考其他專業書籍。本書僅解說商務人士如何將理論應用在工作上，還請見諒。

接著，計算出來的相關係數的數值一定介於-1和1之間。

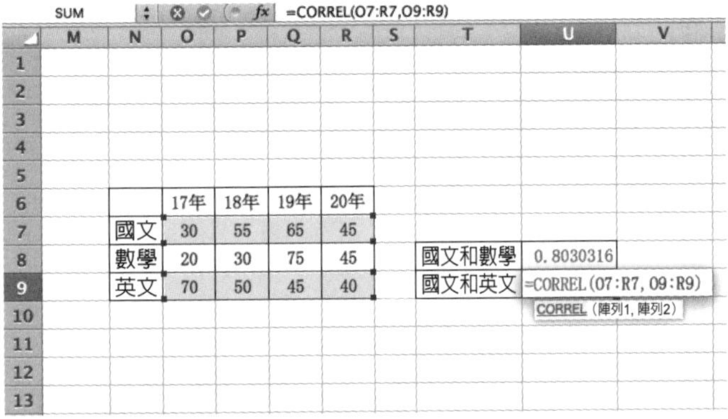

	17年	18年	19年	20年
國文	30	55	65	45
數學	20	30	75	45
英文	70	50	45	40

國文和數學	0.803031639
國文和英文	-0.710957873

當A增加，B也跟著增加時，我們可以說A和B兩者爲「正相關」。以前面的例子來說，「營業額」和「廣告費用」就是正相關。

另一方面，若A和B兩者爲「負相關」，指的就是A增加時，B跟著減少。以前面的例子來說，「氣溫」和「來店人數」就是負相關。

以下的說明包含了我個人的看法。一般來說，相關係數爲0.7以上（或-0.7以下）時，便爲高度正相關（負相關），我認爲這可以當作商業判斷的根據。

反之，當相關係數接近±0的時候，就表示兩者幾乎不相關，不建議將A和B兩者視爲有相關來討論。

數學的解說就到此爲止。以下這一點更重要，希望你一定要有所意識。

那就是必須**經常思考變數與變數之間的相關性，並建立假說**。

- 想決定下個年度的廣告預算。

→**廣告費用和營業額之間是否相關？**

●想預測明天的來店人數。

→**氣溫和來店人數之間是否相關？**

●想說明資深員工也必須做教育訓練。

→**年資和業績之間是否相關？**

這幾個問題的共通點在於都必須思考兩者是否相關。

例如剛才升學補習班的例子，「國文和數學的成績該不會有相關吧？」正因爲抱著這個疑問，才會計算兩者的相關係數。

總結來說，回答以下的問題就是你的工作。

Q1：你想達成什麼目標？

Q2：為了達成目標，你要思考哪兩個變數的相關性？

Q3：有辦法拿到這兩個變數的數據嗎？（工作是否以事實為依據？）

Q4：如何評價計算出來的相關係數？

爲什麼我這麼強調說明兩種數據相關性的重要性呢？

因爲在商業上，**「有相關」是說服別人時非常強而有力的證據**。

在實際的商場上，單單一句「請增加廣告預算」，是不太可能行得通的。但是只要你拿出跟營業額有密切關係的數字，就會得到不太一樣的反應。

然而，你運用龐大數據進行高度複雜的分析所得到的結果，在別人完全不懂分析手法的情況下，你有辦法讓對方理解嗎？

一百位商務人士當中，懂專業統計分析的恐怕只有一位而已。但這裡介紹的兩種相關性（正相關和負相關），應該是人人都可以理解的內容。

我想，本書的讀者應該都不是研究人員，在工作上不需要擁有高度分析能力，**只要用簡單的方法，讓眼前的工作能順利進行就好。**

因此你不需要去學高難度的統計方法。

一般的商務人士只要懂這種程度的統計方法就夠了。以上是我提出的理由，你願意相信嗎？

手上有的食材（事實）：兩種有增減變化的數據。

想端出什麼菜：將相關程度的高低數值化。

烹調時的必要條件：能夠運用試算表。

烹調方法：相關係數（函數CORREL）。

「建立模型」讓你說話充滿說服力

將「有多必要？」的問題數值化
——簡單線性迴歸分析

接下來，要介紹給各位的是「建立數學模型」的概念，也就是烹調數據的方法。讓我們粗略定義一下。

數學模型：用數學將事物和現象的結構具體化。

這是我自己下的定義，但恐怕太過抽象而難以理解。

我舉一個具體的例子來看看。比方說，假設有一項服務是入會費一百日圓，每使用一天以十日圓計費。如果天數爲X，總費用爲Y，我們可以用數學呈現這個服務。

$$Y = 10X + 100$$

這個式子可以說是運用數學解析了這個服務的結構，也就是我所定義的「建構數學模型」。

像這樣，利用手上的數據建立數學模型，就能創造出說服力，幫助你提案或說服他人。

在本章的最後，我再介紹兩個烹調數據的代表性方法。

第一個方法是「**簡單線性迴歸分析**」。

這是建構數學模型，描述兩個變數之間的關係，計算出具體的數值。一看到「兩個變數」，應該有不少人就會聯想到剛才介紹的相關係數吧。沒錯，這個簡單線性迴歸分析，就是相關係數分析的「續集」。

請各位回想一下前面舉的三個例子。

● **想決定下個年度的廣告預算**。

↓廣告費用和營業額之間是否相關？

↓確認兩者爲高度相關。

↓如果想要達成營業額兩億日圓的目標，所需要的廣告預算，**具體來說是多少**？

● **想預測明天的來店人數**。

↓氣溫和來店人數之間是否相關？

↓確認兩者爲高度相關。

↓如果明天的平均氣溫爲攝氏五度，來店人數**具體來說會有幾位**？

●想說明資深員工也必須做教育訓練。

↓年資和業績之間是否相關？

↓確認兩者爲高度相關。

↓年資每增加一年，可以帶來的業績**具體來說會減少多少？**

像這樣確認兩個變數爲高度相關之後，必須再進一步思考。所謂的再進一步思考，就是建構兩個變數關聯性的數學模型。從結果來看，有了此模型，便能用數字確保廣告預算、預測明天的來店人數、說明年資對業績表現有何影響等，讓數字成爲支持自己提案或主張的依據。

建構數學模型能夠回答「具體來說有多少？」的問題。

以下介紹一個應用案例。

H公司擁有十八位員工，營業額約一．七億日圓，他們打算在某個業界成立新事業。

在規畫今後的拓展策略之際，社長提出了五年後營業額五億日圓的宏圖。業務的拓展當然需要增聘人員，這時候就必須思考，在這五年，具體來說必須增聘幾位新人才妥當呢？

首先，確認此業界各公司公布的員工人數，與一年營業額之間是否相關。計算出來的結果，顯示兩者爲高度正相關（相關係數0.92）。

接著，建構出兩個變數關聯性的數學模型，運用邏輯思維，進一步計算出營業額五億日圓需要多少員工。

	員工人數	營業額
A	44	50030
B	40	43910
C	37	53007
D	41	48962
E	30	22410
F	32	23999
G	22	20041
H	18	17430
I	46	52410
J	44	60300
K	29	25020
L	38	40502
M	29	23998
N	30	24850
O	24	21743
P	33	34842

畫成散布圖

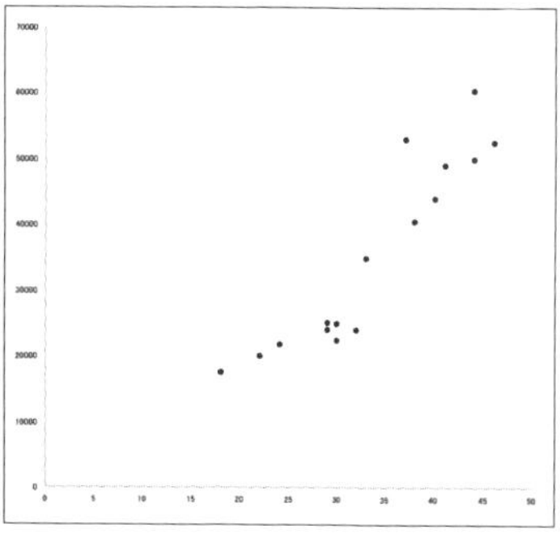

橫軸：員工人數（人）
縱軸：一年營業額（萬日圓）

將數據的相關性建構成數學模型的方法非常簡單。利用試算表，按照下面的步驟進行即可。

〈簡單線性迴歸分析〉

1. **先做出散布圖（編注：全選表格，按右鍵，選「快速分析」，再點選「圖表」的「散布圖」），然後隨便點選一個散布圖中的點點，按右鍵。**

2. **選擇「加上趨勢線」。**

3. **在「趨勢圖格式的選項」選擇「線性」。**

4. **勾選下方「在圖表上顯示方程式」的選項。（※若使用蘋果電腦，選項位於選單中。）**

5. **點選「關閉」，便可顯示直線與直線的公式。**

圖表上顯示的直線，是從數學理論所導引出來的，呈現兩個變數的關聯性。

而顯示於圖表上的公式，則是呈現員工人數X和營業額Y的數學式，也就是呈

簡單線性迴歸分析操作步驟

1. 先做出散布圖，然後隨便點選一個散布圖中的點點，按右鍵。
2. 選擇「加上趨勢線」。

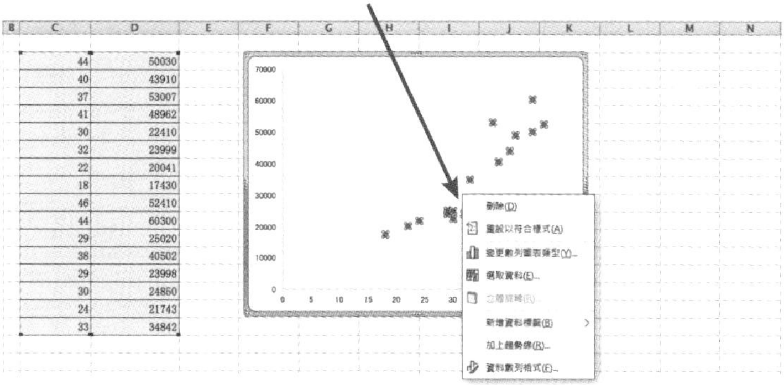

B C D E F G H I J K L M N
44 50030
40 43910
37 53007
41 48962
30 22410
32 23999
22 20041
18 17430
46 52410
44 60300
29 25020
38 40502
29 23998
30 24850
24 21743
33 34842
70000 60000 50000 40000 30000 20000 10000 0
0 5 10 15 20 25 30
刪除(D)
重設以符合樣式(A)
變更數列圖表類型(Y)...
選取資料(E)...
新增資料標籤(B)
加上趨勢線(R)...
資料數列格式(F)...

3. 在「趨勢圖格式的選項」選擇「線性」。

4. 勾選下方「在圖表上顯示方程式」的選項。
（※若使用蘋果電腦，選項位於選單中。）

5. 點選「關閉」，便可顯示直線與直線的公式。

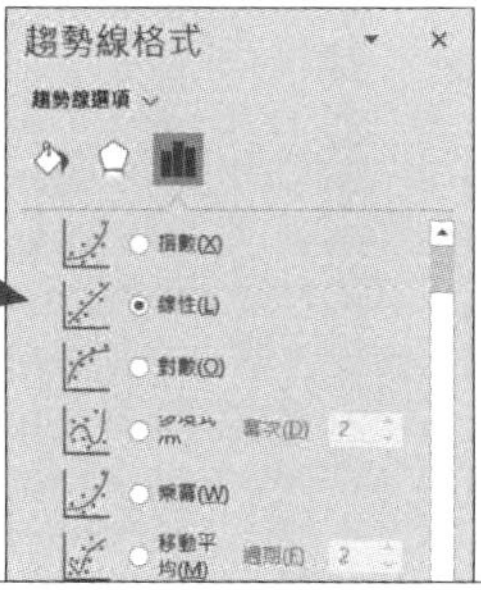

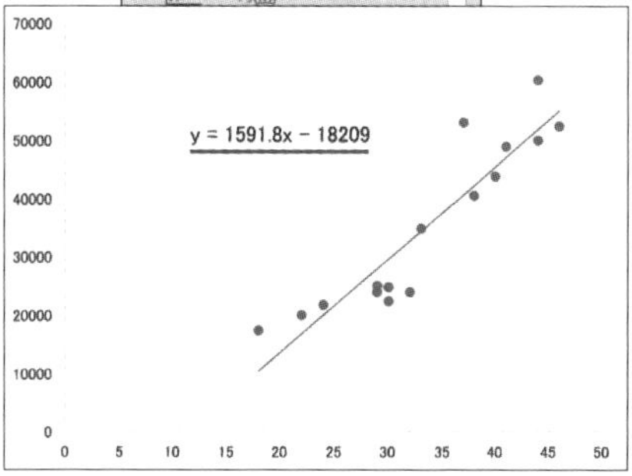

現兩個變數關聯性的數學模型。

依據此業界過去的實際狀況（事實）來分析，想達到五億日圓的營業額，可以用下列公式概算，得出理論上所需的員工人數。

$50000 = 1591.8X - 18209$

$X = (50000 + 18209) \div 1591.8 \fallingdotseq 43$

這一連串的過程，稱爲簡單線性迴歸分析。結果解析如下：

- 兩者有高度的正相關。
- 也就是說，就整體趨勢來看，營業額愈高，員工人數愈多。
- 營業額和員工人數的相關性，如果化爲數學模型，可以用 $Y = 1591.8X - 18209$ 來表示。

●利用這個模型，可以說明，在這個業界，每增加一名員工，營業額可增加一五九一．八萬日圓。

如果想讓H公司未來的營業額，成長到五億日圓，員工人數理論上應該要有四十三人。現在員工人數爲十八人，所以必須增聘二十五名員工。

若增加一名員工，當然也代表公司的成本會增加。因此，增聘一名新員工所產生的總成本，與他可帶來的大約一千六百萬日圓的營業額相比，是否符合成本效益，也是公司必須判斷的課題。

如果符合成本效益，五年內增聘二十五人的計畫是實際可行的，若不符合成本效益，則這個拓展策略就必須重新調整。總而言之，運用數字，就能使理性工作成爲可能。

分析工作的流程總結如下：

計算出相關係數

←

確認有高度的相關性

←

實施簡單線性迴歸分析

←

以具體的數值為根據

用數學模型烹調數據，其實是非常簡單的工作技巧，你也馬上試試看吧。

手上有的食材（事實）：兩種有高度相關性的數據。

想端出什麼菜：Y = aX + b這類數學模型。

烹調時的必要條件：能夠運用試算表。

烹調方法：簡單線性迴歸分析。

將「有多安全（或危險）？」的問題數值化
——損益平衡點分析

另一個數學模型非常簡單，可以用來呈現生意買賣的內容。

做生意當然有得有失，一定會產生營收和成本。大部分的人應該都知道，成本又分爲固定成本和變動成本。

將生意化爲數學模型，可以用一行公式來呈現。

營收－變動成本－固定成本＝營業利益

跟你有關的買賣生意，正是由這樣的結構所組成。這麼簡單的東西，恐怕讓不少讀者感到失望吧。

但我想提出一個重要的問題。

Q：你的生意背後的商業模式，有多安全（或危險）？

這裡所謂的「危險」，指的是「容易發生虧損」。

你的公司的生意，跟其他同業相比，有多「容易發生虧損」呢？這該怎麼說明？接下來，我就用數學模型來解說。

假設A公司的變動成本率爲二〇%，固定成本爲七百。一般來說，變動成本是跟著營收增減的變動而產生變化的成本，因此以相對營收的比率來表示。變動成本率爲二〇%，代表變動成本經常占營收的二〇%。

假設B公司的變動成本率爲四〇%，固定成本爲五百。

假設C公司的變動成本率爲八〇%，固定成本爲五百。

假設A公司和B公司的營收目標爲一千，C公司的營收目標爲五千，可藉由以下算式，計算出此時可得的營業利益。

A公司的營業利益＝1,000－200－700＝100（營業利益率一〇％）

B公司的營業利益＝1,000－400－500＝100（營業利益率一〇％）

C公司的營業利益＝5,000－4,000－500＝500（營業利益率一〇％）

營業利益率都一樣。

但他們的商業模式都一樣安全嗎？這時，我們可以找出損益平衡點，以此爲根據來說明。

損益平衡點指的是，營收可得之營業利益剛好等於零。我用這個例子來進一步說明。

A公司的損益平衡點爲a，B公司和C公司的則分別爲b和c，這三家公司的損益平衡點可以用以下公式來表示。

A公司：a－0.2a－700＝0

B公司：b－0.4b－500＝0

C公司：c－0.8c－500＝0

用代數方程式來表示，看起來好像很難，但其實指的就是「營收－變動成本－固定成本＝營業利益」。變動成本率跟前面的條件相同，固定成本也一樣。

接著求a、b、c的值。

A公司：a－0.2a－700＝0→0.8a＝700→a＝875

B公司：b－0.4b－500＝0→0.6b＝500→b＝833.33…

C公司：c－0.8c－500＝0→0.2c＝500→c＝2,500

所以，營業額「八百七十五」爲A公司的損益平衡點。A公司的營業額低於這個數字就會產生虧損，高於損益平衡點就可以獲利。B公司的損益平衡點約爲「八百三十三」，而C公司的則約爲「兩千五百」。

比較營收目標同樣是一千的A公司和B公司，B公司只需要較少的營收，就到達損益平衡點。換句話說，「B公司較不容易產生虧損，比較安全；A公司容易產生虧損，比較危險」。

然而，跟C公司進行比較時，就沒有那麼單純了。

因爲C公司的營收目標，是A、B兩家公司的五倍，生意規模完全不同。

因此，爲了讓A公司或B公司，可以跟C公司比較，確認誰的商業模式比較安全，可以用以下數字來表示安全度和危險度。

危險度＝（損益平衡點）÷（目標營收）

安全度＝1減去危險度

A公司的危險度　＝　875÷1,000＝0.875

B公司的危險度　＝　833÷1,000＝0.833

C公司的危險度　＝　2,500÷5,000＝0.5

←

A公司的安全度 = 1 − 0.875 = 0.125

B公司的安全度 = 1 − 0.833 = 0.167

C公司的安全度 = 1 − 0.5 = 0.5

安全度的數值愈大，代表生意愈不容易虧損。

換句話說，B公司（安全度0.167）的商業模式，比A公司（安全度0.125）的安全。此外，A、B兩家公司也可以跟不同規模的C公司做比較，數字顯示，C公司的商業模式，比A或B公司都更安全。

因此，即便利益率相同，生意的性質卻不相同。

一般來說，職位愈是接近管理階層的人，愈害怕失敗。

對他們來說，「失敗會帶來虧損」。因此，今後推展的生意有多安全（或有多危險），是他們非常在意的議題。

如果你有重要的事情要請示高層，請務必把這樣的資訊放進去，用清楚簡單的方式，回答經營高層最在意的問題。

在準備資料時，只需要掌握下面三個種類的數字。

- 目標營收
- 變動成本率（占營收多少％）
- 固定成本的金額

有些人可能會認為，經營和生意什麼的，跟自己無關。但總有一天，你也會遇到需要用數字跟經營高層對話的時候，或者是你可能自己開始做起生意。

到了那個時候，你不必慌慌張張地跑去拿工商管理碩士（ＭＢＡ）的學位。

只要知道經營者在意的地方在哪裡就夠了。

最後補充一點。這裡提到的「危險度」，一般稱爲「損益平衡點比率」，而「安全度」則稱爲「安全邊際率」。

我覺得用「危險度」和「安全度」來說明，大家應該比較容易理解，所以改用這樣的方式。

重要的地方不在於熟悉專業術語，而是理解涵義和思考方式，才有意義。

手上有的食材（事實）：用數字建構的事業（獲利）計畫書。

想端出什麼菜：將計畫的安全程度數值化。

烹調時的必要條件：掌握計畫營收、變動成本率和固定成本。

烹調方法：損益平衡點分析。

鍛鍊烹調數據的手藝

以上就是本書精心挑選的八個「用數學烹調數據的方法」。你不需要把數學學好，但是要學會數學的工作技巧。你想試試哪個方法呢？比起提升技術，現在是可以取得任何數據的時代，也是依據事實來工作成爲日常的時代。一定有適合你的方法，而那個方法將成爲你的利器。

話說，我有個當廚師的男性朋友，曾經說過這樣的話：「偷偷跟你說，會下廚的人很受女性歡迎。」眞是讓人無比羨慕。

烹調食材，做出美味的菜，讓對方吃得開心。如果你也很會烹調數據，你在職場上一定會大紅大紫。

Chapter

4

將「沒有正確答案的問題」數值化，依據假設來思考

我經常跟著直覺走。

比爾．蓋茲
（Bill Gates，美國企業家，微軟創辦人／ 1955 ～）

依據假設來思考

如何面對「我怎麼可能知道」的問題

恕我冒昧，請你試著回答以下問題。

請問人的頭皮上大概有多少根頭髮？

應該有很多人會想「我怎麼可能知道」吧？有些人可能立刻上谷歌（Google）查詢。其實，從遇到這種問題時的反應，就可以知道這個人能否在商場上取得一席之地。

現在這個瞬間，世界上有多少人打噴嚏？
你現在在排的隊伍，大概要等多久才輪到你？
今天晚上，大概會有多少人喝生啤酒？
你現在搭乘的電車，總搭乘人數大概有多少？
你工作一年，大概能帶來多少經濟效益？

這些「大概是多少」的問題，都讓人不禁覺得「我怎麼可能知道」。
這些問題的共同點在於都沒有正確答案。
例如，打噴嚏的問題。即使用某種方法概略計算出一個數值，也沒有方法能證明這個答案是否正確，除非能開發出探測世界打噴嚏狀況的機器。

但是在企業經營上，能夠回答這類問題是有好處的。
比方說，如果你能用數字回答「你工作一年，大概能帶來多少經濟效益？」

的問題，不是很厲害嗎？

能夠用數字說出自己能創造多少價值，正是本書的目標——成為「能用數字思考的人」最好的證明。

我舉一個較為切身的例子來看，例如：開創新事業的時候。

第一年的營業額、第三年的營業額、第五年的營業額，沒有人知道成長曲線該怎麼畫。這就是「我怎麼可能知道」的問題。

但是，在開展新事業之際，就必須擬定計畫，用數字回答「大概是多少？」的問題。

那個時候需要的是，假想或假設這種人類的直覺思考。

以事實為依據的思考是有極限的，也就是說，邏輯思考的方法是有極限的。

我們接下來就要來突破這個極限。

什麼是依據假設來思考？
——挑戰人工智慧做不到的計算

正如第一章提到的，「用數字思考」分爲兩個種類，依據事實來思考，與依據假設來思考。第二章和第三章針對以事實爲依據的工作技巧，說明了其本質和技術。

在最後一章，讓我們從定義什麼是「依據假設」開始。

依據假設來思考，指的是從「假設」開始思考。

如果手上沒有事實，就只能以「假設」來推展工作。

爲什麼面對沒有正確答案的問題，我會推薦依據假設來思考，而非依據事實來思考？

我用一個非常淺顯易懂的例子——人工智慧來說明。

我們先看一下維基百科上關於人工智慧的說明。此定義並非全世界通用，但維基百科是任何人都知道的線上資料庫，因此借用其內容來做說明。

「人工智慧是電腦科學領域的一種，運用『計算』（computation）概念與『電腦』（computer）工具，研究『智慧』」。也可以說是「讓電腦替人類進行語言的理解、推理、解決問題等智慧行爲的技術」，或者是「透過電腦，設計或實現智慧資料處理系統的相關研究領域。」（引用自維基百科）

雖然文中有很多專業術語，但你大致上應該能了解吧。

不過，我想用簡單的一句話，就連小孩也看得懂的方式來定義。

人工智慧是「極為優異的計算機」。

讓我們試著把這個「極爲優異的計算機」，換成貼近生活的用品。

桌上的電子計算機就是所謂的計算機。電子計算機要怎麼操作呢？

輸入具體的數值，然後下指令計算，計算機馬上就可以顯示結果。這就是計算機，是不是很簡單？

這裡的重點是，「如果沒有人去輸入具體的數值，這台計算機就只是裝飾品」。

只要輸入事實（數值），計算機就能非常快速且正確地提供答案。

但反過來說，計算機：

①無法做出程式設定以外的計算。

②只能依命令行事。

③不會自己主動採取任何行動。

④以正確計算為前提。

條列出來之後，①到③彷彿是在說沒有工作能力的人。

現今世界的人工智慧熱有點過頭了。

人工智慧會搶走人類的飯碗嗎？不太可能。我們只要維持現狀，像人類那樣工作就好了。在用數字思考這個主題上，也是一樣。

接下來，我要講的內容將以④「以正確計算爲前提」爲主軸。

用概略的數字回答就好

前面所說的「像人類」是什麼意思呢？我再補充說明一下。

爲什麼明明知道晚上不要吃拉麵比較好，你還是忍不住去吃呢？

爲什麼明明知道上司的想法是對的，你卻無法認同呢？

爲什麼明明知道不可以喜歡上對方，你還是喜歡上了呢？

人類本來就是不理性的，我們相當依賴直覺。

想吃的時候就吃，討厭的時候就討厭，喜歡的時候就喜歡上了。這就是人類，而且人類並不是「正確」的生物。

在世界的某個角落，今天也有人因爲自己的不小心而遲到了。恐怕沒有人能夠依照指示，精準地以時速五公里的速度走路。言行不一的人到處都是。人類一點也不「正確」。

人類依靠直覺，而且不正確。如果人類是這種生物的話，「用數字思考」的行爲是不是也很直覺，不必非常正確也沒關係呢？

計算機做不到的數值化，人類可以做到。人類能夠以假設爲依據，推論數字，進行數值化的作業。

依據假設來思考，在什麼樣的場合能發揮功用呢？

那就是概算數字來預估規模的時候。

其實在商場上，大部分時候你只要能夠回答「概略是多少」就夠了。

比方說，公司要開拓新事業。假設運用複雜的理論和先進的技術，模擬運算的結果，「預估」第一年的營業額為「182,417,000日圓」。不愧是極為優異的計算機，太優秀了。

但另一方面，這也非常「不自然」。

明明沒有人知道的未來數值，怎麼可能推算得那麼精確呢？實際真正在做生意的，不是極為正確的計算機，而是不正確的人類。

「概略預估是兩億日圓」不是既自然又比較人性化嗎？更重要的是，做生意只要能概算到這種程度就夠了。

「遊戲沒有正確答案」，你有這樣的概念嗎？

我在做企業培訓時，必定會讓大家練習以假設為依據來思考。

然後在進行培訓時，我一定會跟參與學員說：「讓我們享受這個過程。」

以事實爲依據的工作，手上會有數字。只要按照學過的烹調方法去做，就可以做出像樣的菜餚。

但是換成「以假設爲依據」時，大部分的人就會突然覺得「好難」、「用這個假設眞的可以嗎？」，使腦袋暫時停止思考。這眞是「太認眞了」。我完全可以理解這樣的想法，但是很可惜，你一直照這樣下去，是學不會如何依據假設來思考的。

這樣講可能有點奇怪，但是在做企業培訓時，我都會強迫大家要樂在其中，不要去管到底是不是正確答案。因爲根本沒有正確答案，也就不會有錯誤。單純只是遊戲，只要玩得開心就好。就像小孩喜歡玩遊戲一樣，你只要能跟數字玩得開心就好。

如果你覺得「人的頭皮上大概有多少根頭髮？」的問題很難，認眞地推算的話，恐怕一點也不好玩吧。

這就只是單純的遊戲而已，用玩遊戲的心情去做就可以了。讓我們一起來玩玩看。

思考「人的頭皮上大概有多少根頭髮？」的問題。

←

定義「頭髮生長的密度是多少？」的問題。

←

思考「一個手掌」的面積大概長了多少根頭髮。

←

思考「一片指甲」的面積大概長了多少根頭髮。

←

直覺地假設「一片指甲」的面積，等於一公分×一公分的一平方公分。

←

直覺地假設每一公釐會有兩根頭髮。

←

一公分×一公分的範圍裡，會有20×20＝400根頭髮。

←

直覺地假設五根手指頭的面積約爲三十平方公分。

←

直覺地假設掌心的面積跟五根手指頭差不多大。

←

400×30×2＝24,000根頭髮（一個手掌整體的面積上的頭髮數量）。

←

直覺地假設頭皮等於「五個手掌面積」。

←

24,000根×5＝120,000根。

我的結論是大約十二萬根頭髮。這只是其中一種玩法，還有很多其他的玩法。如果是你的話，你會怎麼玩這個數字遊戲呢？

你也反璞歸眞一下，像孩子玩遊戲一樣，更有人性的、更直覺的享受「用數字思考」的樂趣。

大家都知道「快樂學習」是學東西的最佳方法。

我準備了好幾個遊戲，讓我們繼續來玩玩看。

依據假設來思考頭腦體操時間

「定義」→「直覺地假設」→「計算」

剛才計算頭髮數量的遊戲，並未使用任何艱深的數學理論，使用的方法還非常直覺，對吧？

比方說，一公釐的寬度裡有兩根頭髮，這個假設完全是依據我的直覺。

（頭皮面積）＝（手掌整體的面積）×5

這個公式也非常的直覺。從來沒有在任何一本學術書籍裡寫到這樣計算就可以得到正確答案。

我究竟是運用了什麼概念，得出十二萬根頭髮的結論呢？

接下來，我將詳細說明這個思考過程，幫助你學會如何依據假設來思考。

首先，我把「我怎麼可能知道」的問題，轉換爲具體的資訊：「十二萬根的頭髮」。

也就是將質化的語言轉換成量化的語言，亦即語言的轉換。

請回想一下我在第一章「數字就是語言」，用「質化→量化」來表示以假設爲依據來思考的內容。

我們回到「頭髮的問題」。

實際上我只做了三件事情：「定義」、「直覺地假設」和「計算」。

我們再看一次剛才計算出十二萬根頭髮的過程。

我想請大家留意的地方是，我將「人的頭皮上大概有多少根頭髮」的問題，重新定義爲「頭髮生長的密度是多少」。

重新定義問題，使相關思考能順利進行下去。

將數量的問題定義爲密度的問題之後，你一定可以聯想到小面積比較好估算。「指甲的面積」這個點子不會突然從天而降，而是從自己重新下的定義引導而來的。

如果定義不同，後面運用的方法也會不同。

大家可能會覺得「又要定義？」，但是，依據假設來思考時，最重要的就是「定義」。

● 定義

● 直覺地假設

● 計算

只要運用這三個步驟，就有辦法思考「沒有正確答案的問題」。
將「我怎麼可能知道」轉換成量化的語言，其步驟如下：

用數字來表示「我怎麼可能知道」的問題

←

用能夠數值化的概念來定義問題

←

直覺地假設

←

計算

←

「我怎麼可能知道」的問題變成量化的語言

你也馬上來試試看吧。我準備了好幾道題目，歡迎你一起來思考看看。

依據假設來思考的遊戲之一

「最近去的那家店賺錢嗎？」

請回想一家你最近去過的零售商店，並想想看要怎麼回答以下的簡單問題。

Q：那家店真的有賺錢嗎？

你應該覺得這種事「我怎麼可能知道」吧。正因為如此，這就是最適合拿來玩的題目。

為了讓問題簡單化，假設我們可以用數字估算出這家店一天的收益。你注意到了嗎？現在我所做的就是「用能夠數值化的概念來定義問題」。

然後再定義接下來必須做的事情。

因爲要計算一天的收益，所以你要做的工作大概分爲三件事。

- 計算一天的營業額。
- 計算一天的成本。
- 最後將兩者相減。

在下好定義之後，接下來就輪到「直覺地假設」和「計算」登場了。請你也來挑戰看看。我分析的對象是住家附近的定食店。

那家定食店的餐點價位相對合理，午餐時段總是高朋滿座，店員常常忙不過來，副菜總是出得很慢。

時段範圍可以分爲三種。忙碌的午餐時段客人很多，晚餐時段的客人相對沒有那麼多，但不少客人會點啤酒及下酒菜，因此價格訂得比較高。以上都是我的直覺假設。

〔11:00～13:00〕

來店人數　假設一個小時有二十位客人　20位×2小時＝40位

價格　700日圓

營業額　700日圓×40位＝28,000日圓

〔13:00～17:00〕

來店人數　假設一個小時有五位客人　5位×4小時＝20位

價格　700日圓

營業額　700日圓×20位＝14,000日圓

〔17:00～12:00〕

來店人數　假設一個小時有十位客人　10位×5小時＝50位

價格　1,000日圓

營業額　1,000日圓×50位＝50,000日圓

一天的營業額　＝　28,000＋14,000＋50,000＝92,000日圓

接著試算一下成本，同樣是以假設爲基礎來計算，只要用人事費用和成本，就可以概略假設出以下的金額。

時薪　平均1,500日圓

工時　平均 8 小時

員工人數　平均3.5人

1,500圓×8小時×3.5人＝42,000圓

成本率　40％

成本＝92,000日圓 ×0.4＝36,800日圓

42,000日圓＋36,800日圓＝78,800日圓

除此之外，還要加上租金及水電費，如果是這樣的話，這家店營業一天到底能不能賺到錢，很值得懷疑。

實際情況是否如此，我們當然不得而知。不過，這家定食店最近改成自助式服務，把點菜、用餐到收拾的作業，全都讓顧客自己來。我非常能理解爲什麼他們那樣做。

你分析的店家結果如何呢？如果今後那家店有任何變化，請你試著思考一下原因。

店家改變了格局、打工人數增加或減少、結束營業了，這些現象的背後一定都有原因。

依據假設來思考的遊戲之二

如何將「公司的工作氣氛變好了」數值化呢？

接下來的題目稍微有點難度，你會怎麼回答下面這個問題呢？

Q：你的公司的工作氣氛好嗎？

請問回答「非常好」的人，為什麼會回答「非常好」呢？

請問回答「超級差！」的人，為什麼會回答「差」呢？

請問回答「無法回答」的人，為什麼無法明說呢？

「氣氛很好」是極爲質化的表現方式，怎麼做才可以把「氣氛很好」以量化的方式呈現呢？各位是不是覺得這個問題有點難呢？

但是，即便這麼抽象的題目，你要做的事情還是一樣。

依據假設來思考，指的就是「定義」、「直覺地假設」和「計算」這三個步驟。我先玩一次給大家看看。

〈用能夠數值化的概念來定義問題〉

思考工作氣氛好的職場環境裡，什麼東西的數量多。

例如，我們可以說，笑容愈多的工作環境，氣氛愈佳。但實際要計算笑容出現的次數很難，因此改為以下的定義。

表示工作氣氛良好程度的數值＝同事之間表達「讚美」的次數。

←

〈直覺地假設〉

想像一下，一般商務人士在上班時，一天會對同事說出多少讚美的話。不擅長讚美他人的我，假設最多一天一次。若這家公司的員工有一百人，就假設其中二十人擅長讚美別人，六十人的讚美能力普通，剩下的二十人不擅長讚美，像這樣假設數值。前述的數值都非常依賴個人的直覺。

擅長讚美的人　　：一天讚美別人五次
讚美能力普通的人：一天讚美別人三次
不擅長讚美的人　：一天讚美別人一次

↓

〈計算〉

這家公司一天出現的「讚美」數量：

擅長讚美的人：5次×20人＝100次

讚美能力普通的人：3次×60人＝180次

不擅長讚美的人：1次×20人＝20次

合計　300次

這家公司工作氣氛的現狀：300

我把極爲質化的表現方式，轉換成量化的表現方式了。如果這家公司每半年進行一次這種「讚美」意識調查的定點觀測，便能夠運用數字來說明公司氣氛愈來愈好（或愈來愈差）。

在商場上，還有其他像「工作氣氛變好了」這種極爲質化且經常使用的詞彙，例如：

「活化了組織。」

「提高了工作效率。」

「有效管理，確實完成工作。」

但這些只不過是一些虛無飄渺的話語。如果你無法正確地傳達給對方，他對你的評價也不會有所提升。

請閱讀到這裡的各位，一定要試著在各種場合，把「活化」、「效率化」、「有效管理」等話語，以量化的表現方式呈現。

這沒有所謂的正確答案，也就不會出錯。你反而有機會得到別人給予「真是有趣的想法」、「原來如此，你說得有道理」等正面的評價。

你只需要實際練習，我提供的玩法並非正確答案。

請你思考屬於自己的玩法，也歡迎你跟我分享。

依據假設來思考的遊戲之三

你工作一年，可以帶來多少經濟效益？

世界盃足球賽的經濟效益。

日本偶像男團「嵐」一場演唱會的經濟效益。

上述都是以金錢的數量來表示這些活動能夠帶來多大的影響。

職棒界也有相同的思考方式。知名的選手跳槽，會對原本所屬的球隊帶來極大的影響，「那位選手跳槽帶來極大的衝擊」，指的就是所謂的經濟效益。

● 會流失多少球迷？

- 對球團來說，一年會減少多少支安打？
- 那樣的結果會減少多少得分？
- 會對勝率帶來多少影響？
- 會對排名帶來多少影響？
- 會對下一個年度的經營帶來多大的影響？

球團經營是必要的，經營者一定是像這樣思考，並使用數字進行「買賣球員」這門生意。

接著，我將做一份思考遊戲的簡報。

Q：你工作一年可以帶來多少經濟效益？

「我的工作無法用數值來表現」這樣的意見當然有道理。但是，我希望各位把這個題目當作是訓練思考的練習，大概的數字就好，你也試著用數字來計算看看，自己可以帶來多少經濟效益。

任何一份工作一定可以幫助某些人。也就是說，任何一份工作都可以爲別人帶來價值。只要是跟商業有關的東西，一定可以換算成金錢來表示。

比方說，我是企業培訓的講師，這種職業的價值非常難用數值來表示。培訓不像販賣電視或公寓這類有形的物件，很難有立即明顯的效果。

那麼，這該怎麼思考呢？讓我們再次從數值化的順序，試著思考看看。

〈用能夠數值化的概念來定義問題〉

首先，用能夠數值化的概念來定義「培訓的經濟效益」。

培訓的目的，是提升參加學員的能力表現，如果培訓真的讓學員的能力提升了，學員創造的附加價值也會跟著提升。

培訓的經濟效益＝學員接受培訓之後，創造的附加價值的增加部分。

〈直覺地假設〉

這裡使用一個事實。

日本每個人的附加價值，一年約為八百三十六萬日圓。

資料來源：「日本勞動生產力趨勢二〇一八年」（公益財團法人日本生產力總部）

假設商務人士一年工作兩百個工作天。

假設「培訓帶來的教育效果＝附加價值增加一％」。

〈計算〉

每人每天可創造出的附加價值

836萬日圓÷200天＝約4.2萬日圓

←

依據「培訓帶來的教育效果＝附加價值增加一%」的假設

附加價值增加了四百二十日圓／天

←

假如有三十個人參加培訓課程，培訓後一天可增加的附加價值為

420日圓×30人＝12,600日圓／天

培訓的經濟效益＝每一天可增加一萬二千六百日圓的附加價值。

利用數值化的三步驟，就可以像這樣計算出數字。正在考慮是否引進培訓課程的經營者，當然會把培訓課程當作是投資。做了投資，當然會想知道多久之後可以回收成本。

假設花了五十萬日圓購買了這個培訓課程，

50萬日圓÷12,600日圓＝39.68天

這是非常粗略的計算，但是可由此得知，這項投資只要四十天就可以回本。光只是主張「這個培訓課程很棒，貴公司一定要引進」，恐怕很難成交。對於行走於商場的人來說，用數字說明能夠帶來多少經濟效益，是非常重要的能力。這不僅適用於我這種企業培訓講師的工作，也是所有商務人士都通用的道理。

我運用數字說明培訓可以帶來多少效益，真的成功簽到了不少案子。

重點是，要不斷地練習。

任何一份工作，一定可以幫助到某些人。也就是說，任何一份工作都可以爲別人帶來價值。而那個價值，一定可以換算成金錢或數字來表示。

提供無法用數字來表達的服務時，還是一定要用數字來表達

我準備的這三個遊戲，大家玩得還開心嗎？

希望「依據假設來思考」能成爲你的利器。

在第四章的總結，我想向各位傳遞最後一個訊息。

這也是我常常對商務人士耳提面命的一句話。眞心期盼這句話能夠流傳後世，成爲幾百年後也能繼續被世人所謹記的名言。

提供無法用數字來表達的服務時，還是一定要用數字來表達。

比方說，感動。珍貴的感動，本來是無法用數值來測量的。
雀躍的心情、寧靜和愛，這些也都是無法用數值來衡量的。

你從事什麼樣的工作呢？
營造業職員、公務員、自由工作者、部長、組長、業務、會計。你的工作應該不只是工作，一定也爲別人提供了「無法用數字來表達的服務」，即便不是直接提供，你一定也帶給了人們感動、雀躍的心情、寧靜和愛，餽贈了無法用數字表達的東西。

你從事什麼樣的工作呢？
你的工作爲別人帶來了無法用數字表達的價值。
那些價值，你今後也會持續提供下去。

要怎麼做，才能提供價值給別人呢？

我的答案是，人性化。運用只有人類才做得到的方式來創造數字。

成爲更有人性、更直覺，就連「我怎麼可能知道」的事情也能用數字表達的人；要做機械做不到的事。

這一定會讓你的工作發生一點變化，並幫助你爲別人提供無法用數字表達的價值，爲素未謀面的人豐富他們的人生。

這應該是我們身爲商務人士最大的喜悅，不是嗎？

只有人，才能讓人的生活變得豐富多采。

結語

非常感謝你閱讀到最後。

本書說明了所有用數字思考的根本，爲了讓各位能清楚明白重點在哪裡，我抱持著身爲專業人士的自信，將重點去蕪存菁，只傳達了必要的菁華部分。我已經沒有其他東西可以講了。請你相信這本書，學習如何用數字思考。

在停筆之前，我想再說一件事。

我是一名教育者。教育者參與他人的成長，是幫助他人豐富人生的角色。我想像著未曾謀面的讀者，希望對方的人生變得更多采多姿，才完成了這本書。

話說，你爲什麼讀這本書呢？

可能是希望提升對數字的敏感度？但是在那背後，應該還有更根本的目的。

你想得到的，恐怕不是「用數字思考」的能力。

身爲商務人士的你，眞正想要的應該是「變化」吧。那個「變化」，能爲你的工作帶來更多精采的時刻，豐富你的人生。其實你想改變的，不是工作方式，而是人生。所以你閱讀了本書，對吧！

這也是我的期望，所以我寫的這本書，請放心，一定會讓你有所改變的。

如果本書爲你的人生帶來「變化」，如果你感受到了什麼、嘗試挑戰了什麼，讓人生變得更豐富了，歡迎跟我分享，什麼都可以，我一定會給你回覆的，靜待佳音。

info@bm-consulting.jp

二〇二〇年一月吉日

深澤眞太郎

打造數字腦．量化思考超入門：能解決問題，更有說服力，更值得信賴

作　　者——深澤眞太郎
譯　　者——謝敏怡
特約編輯——洪禎璐

發 行 人——蘇拾平
總 編 輯——蘇拾平
編 輯 部——王曉瑩、曾志傑
行銷企劃——黃羿潔
業 務 部——王綬晨、邱紹溢、劉文雅

出　　版——本事出版
發　　行——大雁出版基地
新北市新店區北新路三段207-3號5樓
電話：(02) 8913-1005　傳眞：(02) 8913-1056
E-mail：andbooks@andbooks.com.tw
劃撥帳號——19983379　戶名：大雁文化事業股份有限公司
封面設計——COPY
內頁排版——陳瑜安工作室
印　　刷——上晴彩色印刷製版有限公司
2021年01月初版
2024年06月二版
定價　480元

TETTEITEKINI SUJI DE KANGAERU. by Shintaro Fukasawa

Original Japanese edition published by FOREST Publishing Co., Ltd.

This Traditional Chinese edition published by arrangement with FOREST Publishing Co., Ltd., Tokyo, through HonnoKizuna, Inc., Tokyo, and jia-xi books co., ltd.

ISBN 978-626-7465-02-8

缺頁或破損請寄回更換
歡迎光臨大雁出版基地官網 www.andbooks.com.tw 訂閱電子報並填寫回函卡

國家圖書館出版品預行編目資料
打造數字腦．量化思考超入門：能解決問題，更有說服力，更值得信賴
深澤眞太郎／著　謝敏怡／譯
譯自：仕事の質とスピードが激変する思考習慣　徹底的に数字で考える
---.二版.— 新北市；本事出版　：大雁文化發行，　2024 年 06 月
面　；　公分. –
ISBN 978-626-7465-02-8（平裝）
1.CST:企業經營　2.CST:管理數學　3.CST:思考
494.1　　　　　　113004010

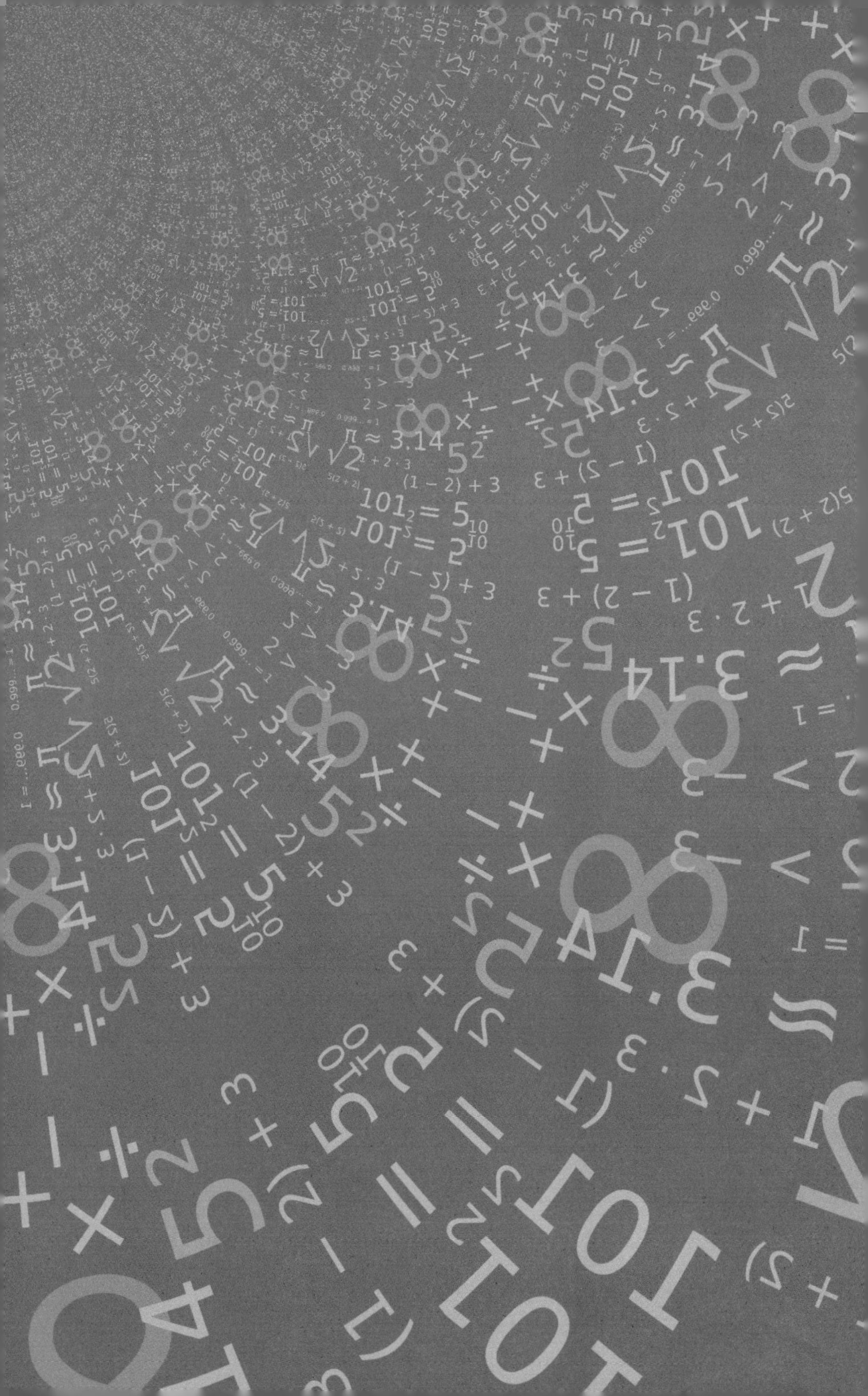